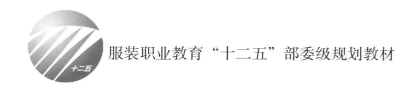

服装职业教育"十二五"部委级规划教材

服装结构设计与制作工艺一体化教程

汪薇　著

U0216867

中国纺织出版社

内 容 提 要

《服装结构设计与制作工艺一体化教程》是将中职服装设计与工艺专业的"服装结构设计"与"服装制作工艺"两门核心课程合二为一的理实一体化教材。本书以企业工作任务和工作过程为导向,以职业能力为本位,以模块—项目—任务的形式来组织教学内容。教材分为基础、应用、提升、拓展四大模块,每个模块包含1~2个项目,每个项目又分解为4~5个任务。任务设计结合企业的产品开发流程与产品质量标准,融入每年全国职业技能大赛中职组服装赛项要求,精选的款式与时尚潮流接轨,由浅入深,从简单到复杂,逐步提高中职学生结构设计和制作工艺的技能水平。

本书可作为中等职业学校服装类专业的教学用书,同时也可作为服装爱好者的自学用书。

图书在版编目(CIP)数据

服装结构设计与制作工艺一体化教程 / 汪薇著. — 北京:中国纺织出版社,2015.9(2018.8重印)
服装职业教育"十二五"部委级规划教材
ISBN 978-7-5180-1823-9

Ⅰ.①服… Ⅱ.①汪… Ⅲ.①服装结构—结构设计—中等专业学校—教材②服装工艺—中等专业学校—教材
Ⅳ.① TS941.2 ② TS941.6

中国版本图书馆 CIP 数据核字(2015)第 151590 号

策划编辑:孔会云 责任编辑:符 芬 责任校对:梁 颖
责任设计:何 建 责任印制:何 建

中国纺织出版社出版发行
地址:北京市朝阳区百子湾东里A407号楼 邮政编码:100124
销售电话:010—67004422 传真:010—87155801
http://www.c-textilep.com
E-mail:faxing @c-textilep.com
中国纺织出版社天猫旗舰店
官方微博http://weibo.com/2119887771
北京玺诚印务有限公司印刷 各地新华书店经销
2015年9月第1版 2018年8月第4次印刷
开本:787×1092 1/16 印张:13.25
字数:208千字 定价:56.00元

前　言

　　"服装结构设计"与"服装制作工艺"是中职服装设计与工艺专业的两门核心课程,是每位服装工作者必备的基本专业技能,也是服装制板、生产、管理、销售各个环节的基础。本书作者通过对服装企业岗位职业能力进行调研,分析出各技术岗位的典型工作任务,以工作任务和工作过程为导向,以职业能力为本位,以模块—项目—任务的形式来组织教学内容,体现了从任务目标→任务描述→任务实施→任务评价→任务拓展的任务式教学特点。本书打破了以往结构设计与制作工艺分开编写的模式,将两门课程合二为一,体现理论与实践的一体化,突出任务引领、产品导学的特点,目的是让中职学校的学生更好地胜任今后的岗位要求。

　　本书在编写思路上主要突出了以下两个方面:

　　1. 结构设计部分的每个任务实施通过款式分析、成品尺寸确定、结构图设计、结构要点分析、结构拓展训练等环节展开。服装款式的框选能与时尚潮流接轨,融入了每年全国职业技能大赛中职组服装赛项要求,符合"95后"中职学生对新知识从认识→理解→吸收→拓展的学习规律。

　　2. 制作工艺部分的每个任务通过工艺单分析、裁剪与排料、整件工艺流程等环节展开,结合企业的产品开发要求和质量标准,采用服装企业生产工艺单指导教学。制作工艺部分突破传统的步骤图解,全过程采用高清视频摄像,内容由浅入深,逐步提升实操难点,提高学生的制作工艺技能。

　　本书对模块、项目的划分,对任务内容的安排,是作者长期从事生产、教学、指导大赛的实践经验总结,同时还得到了服装企业技术人员的指导,融入了新知识、新技术、新工艺、新能力、新理念。在编写过程中紧紧围绕"实用、够用"的原则,力求精简、求实,通俗易懂,便于中职学生自学和提升发展。

　　由于水平有限,书中难免有不妥之处,敬请读者批评指正。

著　者
2015. 5

《服装结构设计与制作工艺一体化教程》
教学内容及课时安排

课程性质	项目	任务	课程内容	任务课时	项目课时
第一模块 服装基础模块	项目一 服装结构设计入门	任务一	认识人体与人体测量	2	10
		任务二	成衣测量与成品规格确定	4	
		任务三	认识制图工具与制图规则	2	
		任务四	围裙结构制图	2	
	项目二 服装制作工艺入门	任务一	缝纫工具及设备的认识与操作	4	20
		任务二	常见线迹与缝型缝制	4	
		任务三	熨烫与粘衬工艺	4	
		任务四	省与褶的缝制	4	
		任务五	围裙制作工艺	4	
第二模块 下装应用模块	项目一 半身裙结构设计与制作工艺	任务一	半身裙原型绘制	6	52
		任务二	直筒裙结构设计与制作工艺	24	
		任务三	半圆裙结构设计	4	
		任务四	波浪分割裙结构设计	4	
		任务五	育克分割褶裙结构设计与制作工艺	24	
	项目二 裤子结构设计与制作工艺	任务一	女裤原型绘制	6	46
		任务二	牛仔裤结构设计与制作工艺	36	
		任务三	锥形裤结构设计	4	
第三模块 上装应用模块	项目一 女上衣原型应用	任务一	女上衣原型绘制	12	28
		任务二	常见三种胸省的转移设计	6	
		任务三	常见分割线与胸褶的组合结构设计	10	
	项目二 女衬衣结构设计与制作工艺	任务一	基本款衬衣结构设计与制作工艺	26	64
		任务二	前胸抽褶衬衣结构设计与制作工艺	24	
		任务三	双弧分割衬衣结构设计	8	
		任务四	横竖分割衬衣结构设计	6	

课程性质	项目	任务	课程内容	任务课时	项目课时
第四模块 连衣装 提升模块	项目 连衣裙结构 设计与制作工艺	任务一	基本款连衣裙结构设计与制作工艺	24	60
		任务二	褶裥连衣裙结构设计与制作工艺	28	
		任务三	高腰分割连衣裙结构设计	8	
第五模块 合体夹里装 拓展模块	项目 女西服结构 设计与制作工艺	任务一	刀背缝分割女西服结构设计与制作工艺	44	64
		任务二	双排扣枪驳领女西服结构设计	10	
		任务三	青果领U线分割女西服结构设计	10	
总课时					344

第一模块　服装基础模块

第二模块　下装应用模块

第一模块　服装基础模块

项目一　服装结构设计入门

任务一　认识人体与人体测量

任务目标

1. 能说出人体正背面长度、围度各部位名称。
2. 能说出人台正背面各标识线名称。
3. 能用正确的方法测量出人体的各部位尺寸。

任务描述

该任务主要是让学生对人体有初步认识，了解人体正背面长度、围度各部位名称，初步认识人台正背面标识线名称，在此基础上运用正确的方法测量人体，并对测量尺寸加以记录。

任务要求

1. 教师准备贴有标识线的人台一个。
2. 学生分为6人一小组，各小组准备一个标好标识线的人台。
3. 每组学生选出一名代表作为被测量者，要求穿着紧身衣裤。
4. 每组学生准备好测量软尺、铅笔、纸张等，并作记录。

知识准备

一、人体测量姿势与着装

人体的基本测量数据是以静止状态下的计测值为准，人体测量姿势指头部的耳、眼保持水平，后脚跟并拢的自然立位姿势，手臂自然下垂，手掌朝身体一侧。

二、人体测量的部位与方法

1. 测量工具

进行人体测量的主要工具是软尺。软尺要求质地柔韧，刻度正确、清晰，确定不伸缩。

2. 测量要点

测量者要注意观察被测者的体型特征，准确把握人体各个测量依据点。被测者要求姿态自然端正，呼吸正常，不能低头，不能过于挺胸等，以免影响所测尺寸的准确性。测量时，软尺不能过紧或过松，保持横平竖直。所需测量部位随服装的品种不同而异，主要测量部位见表1-1-1。

表 1-1-1　主要测量部位

部位	上体	上肢	下肢
基础测量部位	胸围、腰围、颈根围、肩宽	全臂长、手腕围	腰围、臀围、腰围高、臀高
参考测量部位	胸宽、背宽、背长、胸高位、乳间距	臂根围、上臂长、肘围	腹围、股下长

3. 测量方法

对人体进行测量可从长度、围度与宽度三个方向进行。人体测量所得数据是设计服装规格的重要依据。需要提醒的是：在进行人体测量时，必须根据服装的品种与风格特征正确选择测量时所参考的基准点与线。

任务实施

一、人体正背面基点部位名称（图1-1-1）

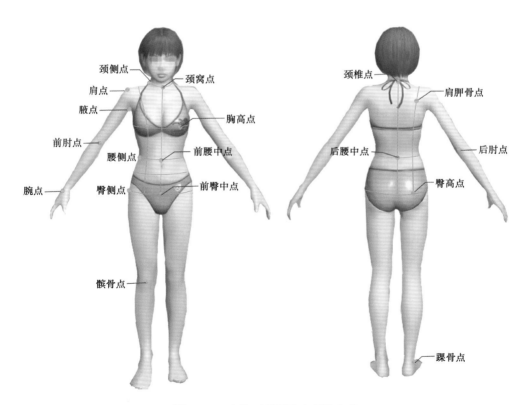

图1-1-1　人体正背面基点部位名称

二、人体正背面基准线部位名称（图1–1–2）

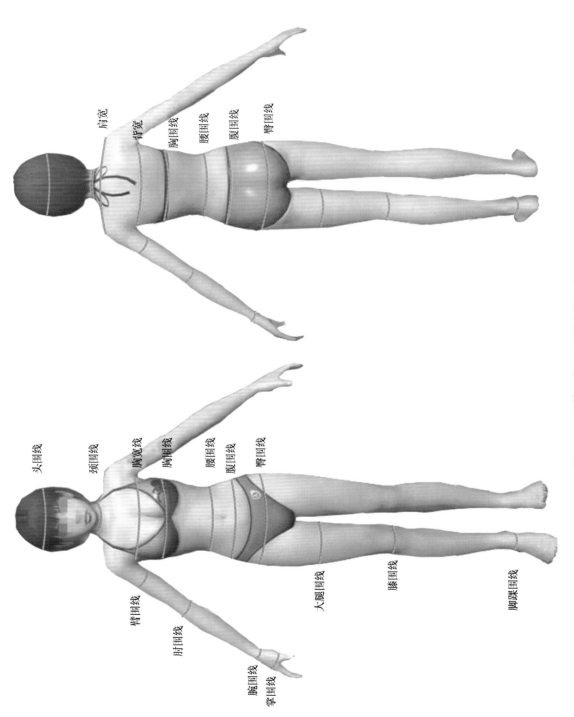

图1–1–2 人体正背面基准线部位名称

三、人体正背面长度部位名称（图1-1-3）

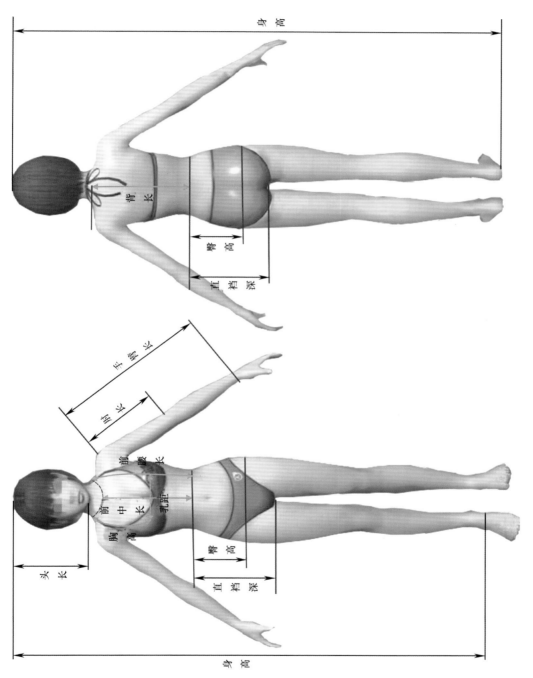

图1-1-3　人体正背面长度部位名称

四、人台标识线名称（图1-1-4）

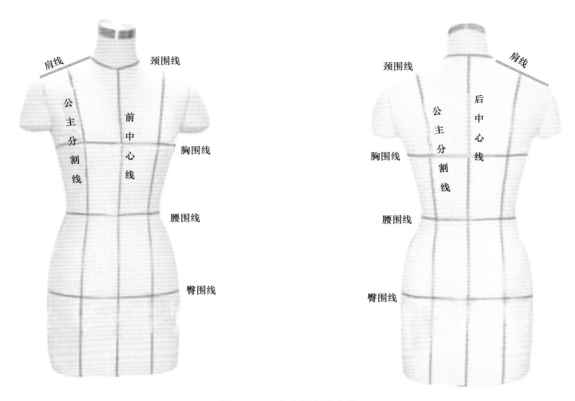

图1-1-4　人台标识线名称

任务拓展训练

　　1.6人为一小组，将各小组人台的标识线标上名称。

　　2.观察自己或同桌的身体，与人台进行对比，根据人台标识线寻找自己身体上隐藏的标识线。

任务二　成衣测量与成品规格确定

任务目标

　　1.了解服装号型系列的定义、体型分类、号型标志、号型系列。

　　2.能给人体体型分类并确定其对应的服装号型。

　　3.认识服装成品规格设计的尺寸来源。

　　4.能用软尺测量服装成品尺寸。

任务描述

　　该任务主要是了解服装成品尺寸的确定方法、影响服装成品尺寸的因素和服装款式对服装尺寸的影响；认识号型系列对设计服装成品规格尺寸的辅助作用；学会测量成衣数据来确定服装成品规格尺寸。

知识准备

一、服装号型系列

1. 服装号型的定义与体型分类

　　（1）"号"的定义。"号"表示人体的身高，以cm为单位，是设计和选购服装长度的重要依据。对于正常人体来说，其长度方向的尺寸（如背长、全臂长）都与身高呈一定的比例关系。如某女子身高1.65m，她的号为165cm。

　　（2）"型"的定义。"型"表示人体的胸围或腰围，以cm为单位，是设计和选购服装肥瘦的重要依据。对于正常人体来说，围度或宽度方向的尺寸（如总肩宽、胸宽、背宽、颈围、臀围等）都与"型"呈一定的比例关系。上装的"型"取胸围尺寸，下装则取腰围尺寸。如某女子的胸围为84cm，她的型为84cm。

　　（3）体型分类。以人体净胸围与净腰围的差值为依据进行分类。我国人体共分为四种体型，分类代号分别为Y、A、B、C，各类体型的特征如图1-1-5和表1-1-2所示。我国人群中，A体型和B体型较多，大约占70%；其次是Y体型，大约占20%；C体型较少，占10%左右，通过对人体体型进行分类，有利于上下装配套以及使服装符合人体体型。

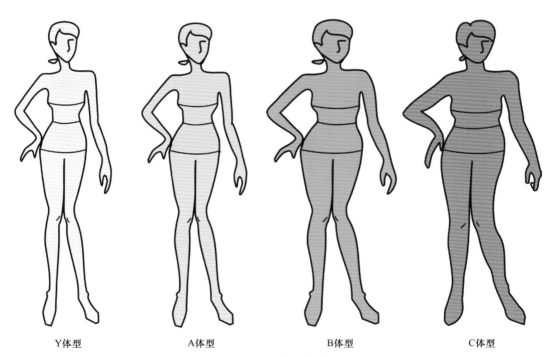

| Y体型 | A体型 | B体型 | C体型 |

图1-1-5　体型分类

表 1-1-2 我国人体体型分类

体型分类代号		Y	A	B	C
胸腰差（cm）	男	22 ~ 17	16 ~ 12	11 ~ 7	6 ~ 2
	女	24 ~ 19	18 ~ 14	13 ~ 11	8 ~ 4
体型特征		偏瘦体，肩宽腰细，呈扁圆形	一般人体，标准人体	微胖体，腰腹部略大	胖体，胸腰差很小

2. 号型的表示方法

为方便顾客选购，服装成品必须有规格或号型标志。上装号型标志常缝制在后领中主唛下；大衣、西服的也可缝制在门襟里袋上沿或下沿；裤子和裙子的常缝制在腰头里子下沿。

号型的表示方法为：号在前，型在后，中间用斜线分开，型的后面再标示体型代号。号型不是指服装的规格，而是其适合的人体身高与围度。例如：某女子身高160cm，胸围84cm，腰围66cm，属于A体型，她的上衣号型标识为160/84A，与之配套的下装号型标识为160/66A。

3. 号型系列

号型系列是以各类体型中间体为中心，按一定的分档间距向两边依次递增或递减而组成。所谓中间体，就是各类体型人体实测数据的平均值（儿童不设中间体）。我国服装号型标准中，身高以5cm分档，胸围以4cm分档，腰围则以4cm或2cm分档。将身高与胸围、腰围搭配，可分别组成5·4或5·2两种号型系列，我国成人各类体型中间体及号型系列分档范围见表1-1-3。

表 1-1-3 我国成人各类体型中间体及号型系列分档范围 单位：cm

部位	性别 体型 \ 号	男		女		分档间距	
		范围	中间体	范围	中间体	5·4系列	5·2系列
		155 ~ 185	170	150 ~ 175	160	5	
胸围	Y	76 ~ 100	88	72 ~ 96	84	4	2
	A	72 ~ 100	88	72 ~ 96	84	4	2
	B	72 ~ 108	92	68 ~ 104	88	4	2
	C	76 ~ 112	96	68 ~ 108	88	4	2
腰围	Y	56 ~ 82	70	50 ~ 76	64	4	2
	A	58 ~ 88	74	54 ~ 84	68	4	2
	B	62 ~ 100	84	56 ~ 96	78	4	2
	C	70 ~ 108	92	60 ~ 102	82	4	2

二、服装成品尺寸的来源

1. 服装成品尺寸

服装成品尺寸=人体测量尺寸+放松量

放松量是为了使服装适合人体的呼吸和各部位活动机能需要，必须在测量人体所得数据（净体尺寸）的基础上，根据服装品种、式样和穿着用途，加放一定的余量。

影响放松量的因素很多，如人体各部位运动幅度的大小、面料的弹性与厚薄、款式造型的风格特征、穿着对象、流行趋势等。为了满足人体活动需要而设置的放松量是最基础的放松量，是必备的，同时还要注意，并不是服装的放松量越大，人体运动就越便利，因此，要综合考虑各种因素，合理确定服装的放松量。女装典型服装品种主要部位的放松量参考值见表1-1-4。

表 1-1-4　女装典型服装品种主要部位的放松量参考值

品种 \ 部位		胸围（cm）	总肩宽（cm）	腰围（cm）	臀围（cm）	内可穿衣服
女装	衬衫	6～8	0～1	0	0	文胸
	西服	8～10	1～2	5～8	1～2	衬衫或薄T恤
	风衣	10～15	1～2		2～3	毛衣
	大衣	12～16	2～3		2～3	毛衣
	连衣裙	6～8		4～6	3～6	文胸
	半截裙			0～1	2～4	内裤
	西裤			1～2	6～8	秋裤
	牛仔裤				4～6	秋裤

2. 服装成品尺寸的设计依据

（1）控制部位规格设计。控制部位指直接影响服装造型与合体性、舒适性的部位，控制部位的规格基础必须在人体数据的基础上，结合造型、面料、工艺及流行趋势等因素进行合理设计，见表1-1-5。

表 1-1-5　控制部位规格设计

服装类别	服装主要控制部位	说明
上衣	衣长、胸围、领围、肩宽、袖长	女装需要测量胸高位，收腰围修身型服装需要测量前（后）腰节长、腰围
裤子	裤长、腰围、臀围、上裆长、脚口宽	根据造型的不同，一些裤型还需要确定中裆长
裙子	裙长、腰围、臀围	连衣裙还需要测量领围、肩宽与袖长

（2）细部规格设计。细部规格是指服装局部造型的尺寸分配，如领子大小、袋口高

低、分割线的位置等。这些部位的规格对服装的服用性影响不大，对服装审美性产生较大影响。因此，对于服装的细部规格，要认真分析款式特点与流行趋势，仔细斟酌、合理设计。

三、成衣测量示意图（图1-1-6）

图1-1-6　成衣测量示意图

任务要求

1.学生分组，各小组准备好一个标好标识线的人台。

2.学生准备好测量工具，如软尺等。

3.学生认真观察人台特征，用软尺测量人台的裙长、腰围、臀围等净体尺寸。

4.教师提前准备好半身裙成品尺寸记录表。

任务实施

1.用软尺测量人台（图1-1-7）的裙长、腰围、臀围等净体尺寸

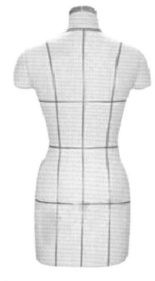

图1-1-7　人台

2. 填写人台尺寸表（表1-1-6）

表 1-1-6　人台尺寸表　　　　　　　　　　　　　　　　　　　　　　　　　　　单位：cm

部位										
背长	前腰长	胸围	腰围	臀围	肩宽	胸宽	背宽	臀高	颈围	乳间距

3. 用软尺测量半身裙的成品尺寸（图1-1-8）

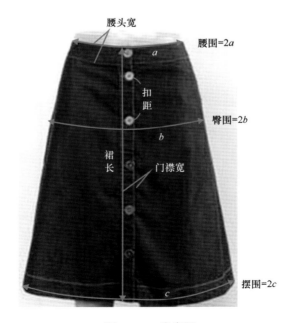

腰头宽

腰围=2*a*

扣距

臀围=2*b*

裙长

门襟宽

摆围=2*c*

图1-1-8　半身裙

4. 填写半身裙成品尺寸表（表1-1-7）

表 1-1-7　半身裙成品尺寸　　　　　　　　　　　　　　　　　　　　　　　单位：cm

号型						
部位	裙长	腰围	臀围	摆围	腰头宽	门襟宽
成品尺寸						

任务三　认识制图工具与制图规则

任务目标

1. 认识制图工具名称及其主要用途。

2. 认识服装制板常用符号及说明。

3. 认识人体部位代号。

任务描述

该任务主要是初步认识制图工具名称及其主要用途，掌握服装制板常用符号及说明，认识人体部位代号。

知识准备

一、制图工具

1. 测量工具

软尺（图1-1-9）主要用于人体尺寸的测量，在制图、裁剪时也可使用。其两面都标有尺寸，一般长度

图1-1-9　软尺

为150cm，大多选用不受温差变化影响的玻璃纤维、尼龙作原料，并上胶涂层保护，用于测量各种曲线，非常方便。

2. 制图工具（图1-1-10）

（1）方格尺。可当直尺用，在给纸样放缝份、画平行线、推板画线时，使用特别方便，长度有45cm、50cm、60cm三种。

（2）六字尺。用于画领圈、袖窿、裆弯等弧度较大的部位。

（3）刀尺。用于画长度较长的弧线，如裙子、裤子侧缝、下裆弧线等。常用的有

45cm、60cm等规格。也有角尺、六字尺与刀尺"三合一"式的多用弧形尺。

（4）比例尺。用于绘制缩比图。有1∶4和1∶5规格，其他还设计有小比例弧形尺，方便绘制缩比图的弧线部位。

（5）绘图纸。有牛皮纸、白图纸、描图纸等品种。

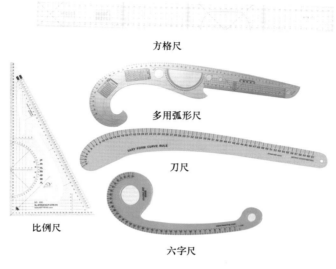

方格尺

多用弧形尺

刀尺

比例尺

六字尺

图1-1-10　制图工具

3. 作记号工具（图1-1-11）

（1）缺口剪。用于在纸样上打对位记号和缝份记号。打出的剪口形态呈"U"形，也叫U形剪。

（2）描线轮。用于拷贝纸样和在面料上做印记。

（3）定位钻、木柄锥。用于拷贝纸样和在纸样上打孔。

（4）记号笔。立体裁剪或缝纫时，在布料上做记号使用。如褪色笔、水溶笔、水洗笔等。

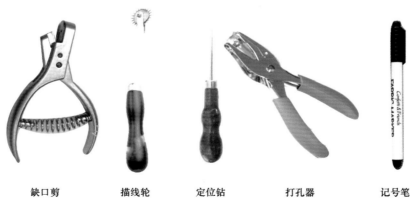

缺口剪　　　　描线轮　　　　定位钻　　　　打孔器　　　　记号笔

图1-1-11　作记号工具

4. 裁剪工具（图1-1-12）

（1）剪刀。主要有裁剪专用剪刀、多功能剪刀、线剪等。裁剪专用剪刀主要用于裁剪布料，常用规格有9~11寸，使用中要注意，为防止刀口磨损，除布料外最好不要用来剪切其他材质；多功能剪刀可用于裁剪纸样和立体裁剪；线剪为尖头，主要用于剪缝纫线。

（2）美工刀。裁切图纸和纸样处理时使用。

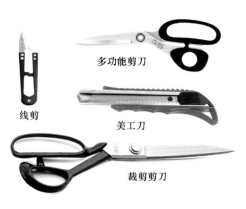

图1-1-12　裁剪工具

二、制图规则

服装结构制图的平面展开图是由直线和直线、直线和弧线等连接构成。制图时，一般是先定长度、后定围度，即先用细实线画出横竖的框架线。制图中的弧线是根据框架和定寸点相比较后画出的。因此，可将制图步骤归纳为先横后竖、由上而下、由左而右进行。画好基础线后，根据轮廓线的绘制要求，在有关部位标出若干工艺点，最后用直线、曲线和光滑的弧线准确地连接各部位的定点和工艺点，画出轮廓线。

1. 制图比例

服装制图比例是指制图时图形的尺寸与服装部件（衣片）实际大小的尺寸之比。服装制图中采用的是缩比，即将服装部件（衣片）的实际尺寸缩小若干倍后制作在图纸上。有时为了强调说明某些零部件或服装的某些部位，也采用放大的方法，即将服装零部件按实际大小放大若干倍后制作在图上。在同一图纸上，应采用相同的比例，并将比例填写在标题栏内，如需要采用不同比例时，必须在每一零部件的左上角标明比例。服装常用制图比例见表1-1-8。

表 1-1-8　服装常用制图比例

原比例	1：1		
缩小比例	1：3	1：4	1：5
放大比例	2：1	4：1	

2. 服装制图常用符号及说明

制图符号是为了规范制图以及方便交流，在结构制图中使用具有特定含义的符号，见表1-1-9。

表 1-1-9　服装制图常用符号及说明

符号形状	名称	表达的含义	符号形状	名称	表达的含义
	基础线	辅助线或引出线		粗实线	纸样完成的轮廓线
	翻折线	表示翻折部位		对折	对称折叠部位
	等分线	表示按指定长度等分		纱向线	表示裁片在排料时所取纱向
	虚线	表示衣片上下重叠，下面衣片的形态		直角	表示两条线相互垂直
	交叉	表示两衣片相互交叉部位	顺毛　倒毛	倒顺	使用有绒毛（或有方向性）的面样时，表示裁片上的绒毛或图案的倒顺
	拼合	表示制作纸样时将两个部位拼合成一个完整的衣片		记号	衣片合缝时，为防止错位而设置的对位记号
	归拢	表示需要归拢的部位		拔开	表示需要拔开的部位
	省道	表示衣片上收省的部位，省缝线可为直线或弧线		抽碎褶或缝缩	表示衣片该部位需要抽碎褶或缝缩
	顺裥	向同一个方向折合面料，形成顺裥		对合裥	一左一右折合面料，形成对合裥
	缉明线	表示缉明线的部位与明线宽		等量	表示两部位为相等的量，符号自行设计
	扣眼位	表示锁扣眼的位置		钉扣位	表示钉纽扣位置，两种符号均可

3. 人体部位代号

在制图过程中，为了书写方便和画面整洁，常用一些代号来表示各部位的名称。这些代号大部分都是其英文名词的首字母，组合词组就取各单词的首字母组合，见表 1-1-10。

表 1-1-10　人体部位代号

部位	代号	部位	代号	部位	代号
胸围	B	长度	L	袖窿弧线	AH
腰围	W	袖长	SL	胸高点	BP
臀围	H	胸围线	BL	肩颈点	SNP
领围	N	腰围线	WL	肩端点	SP
总肩宽	S	臀围线	HL	颈椎点	BNP

任务要求

1.6人一组，每组学生说出并识记服装测量、画图、记号、裁剪工具名称。

2.6人一组，每组学生说出并识记制图符号和人体部位代号，教师从每组中抽查。

任务四　围裙结构制图

任务目标

1.认识围裙的种类和款式特点。

2.能用1：1比例和1：5比例准确绘制围裙结构图。

3.在围裙结构制图中标注的纱向、符号和文字要符合作图规范。

任务描述

该任务主要是将围裙结构图的绘制作为服装结构制图的铺垫，为后面的各种服装款式结构制图打下基础，准确运用1：1比例和1：5比例绘图，正确表现各种制图符号和线条。

知识准备

一、围裙的种类

（1）工作围裙。适合服装、纺织、厨房、超市、电焊、化学、印刷等行业。

（2）居家围裙。主要适合家庭中做家务的人群。

二、围裙的样式（图1-1-13）

（1）半身围裙。像半身裙子那样只围下半身。

（2）挂脖围裙。靠近脖子的地方有系带，可系在脖子上，下半身围裙系在腰上。

（3）背心围裙。像穿背心一样将围裙穿在身上，腰部也可以系带。

（4）全身围裙。从袖子到脖子都可以被覆盖，类似罩衣。

图1-1-13　围裙的样式

任务要求

1. 教师与学生准备好一套服装测量工具和制图工具。

2. 教师准备一条围裙样裙穿在人台上。

3. 分析围裙款式图，包括款式分析、结构分析、成品尺寸分析、工艺分析。

任务实施

一、分析款式特征（图1-1-14）

（1）裙长设计。裙长在大腿中部。

（2）贴袋设计。前面有一个圆角双层贴袋。

（3）肩带设计。肩带在后面交叉。

（4）系带设计。调节腰围松紧。

（5）适合面料。棉类、化学纤维类混纺等面料。

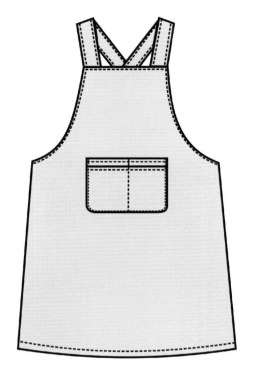

图1-1-14　围裙

二、绘制结构图

围裙结构图如图1-1-15所示

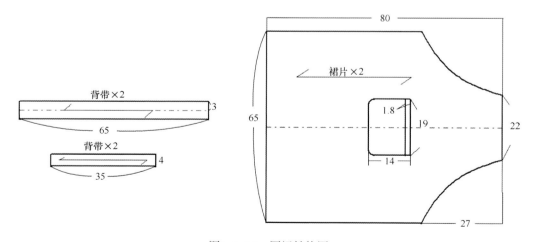

图1-1-15　围裙结构图

项目二　服装制作工艺入门

任务一　缝纫工具及设备的认识与操作

任务目标

1.能说出常见缝纫设备的种类和用途。

2.能操作常见的缝纫设备。

任务描述

该任务主要是学会按照工艺单的各项要求完成整件直筒裙的工艺制作，掌握直筒裙的制作工艺要点和工艺流程，对所制作的裙子作质量检验。

任务要求

1.教师准备好各种缝纫工具实物。

2.到服装实训室或企业认识各种常见的缝纫设备。

3.缝纫设备的使用一定要注意操作安全事项，遵守实训室管理条例。

任务实施

一、缝纫工具及设备用途（表1-2-1）

表 1-2-1　缝纫工具及设备用途一览表

主要设备	用途
高速平缝机	用于缝制各式薄料、中厚料服装的工业高速缝纫设备
电脑高速平缝机	在高速平缝机的基础上还有自动剪线、自动回针、多种线迹选择等功能
锁边机	衣服面料剪成裁片后，为防止面料纱线散开，需要把裁片围边缝锁起来，分为三线、四线、五线锁边机
蒸汽电熨斗	用于平整衣服和布料的熨烫工具，功率一般在300～1000W之间，可分为普通蒸汽喷雾型、工业吊瓶蒸汽型

续表

主要设备	用途
粘衬机	用于给服装中部分裁片粘衬的设备
挑脚机	用于服装裁片边沿折边后，将其暗缝、撬边固定的缝纫设备
套结机	用于加固服装受力部位和圆头纽扣孔尾的缝纫设备，适合针织、西服、牛仔服等
锁眼机	用于将各类成品服装门襟上扣眼密缝的自动缝纫设备
钉扣机	专用完成有规则形状纽扣的缝钉的自动缝纫设备
电脑绣花机	用于时装、窗帘、床罩、玩具、装饰品、工艺美术品等的刺绣工艺，分为单头和多头绣花机

二、认识缝纫工具

1. 工业平缝机（图1-2-1）

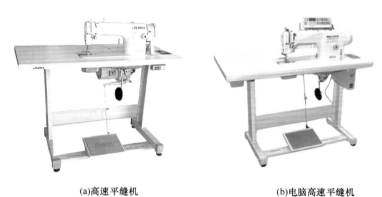

(a)高速平缝机　　　　　　　　　　(b)电脑高速平缝机

图1-2-1　工业平缝机

2. 工业锁边机（图1-2-2）

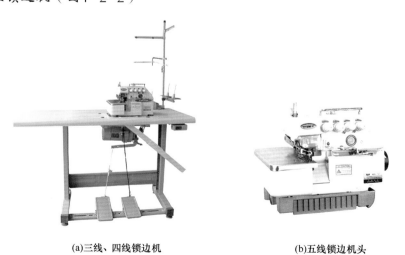

(a)三线、四线锁边机　　　　　　　(b)五线锁边机头

图1-2-2　工业锁边机

3. 工业特种机（图1-2-3）

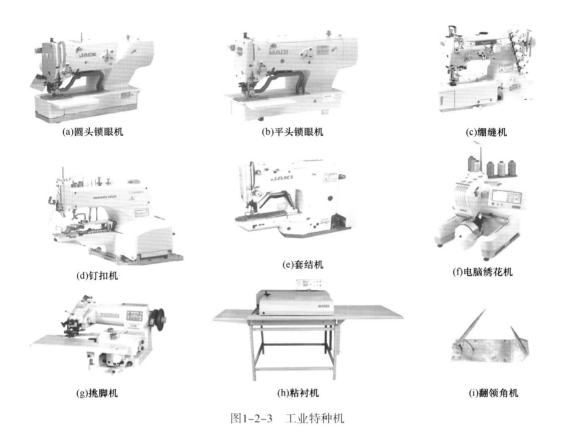

(a)圆头锁眼机　　　　　　(b)平头锁眼机　　　　　　(c)绷缝机

(d)钉扣机　　　　　　(e)套结机　　　　　　(f)电脑绣花机

(g)挑脚机　　　　　　(h)粘衬机　　　　　　(i)翻领角机

图1-2-3　工业特种机

4. 熨烫设备（图1-2-4）

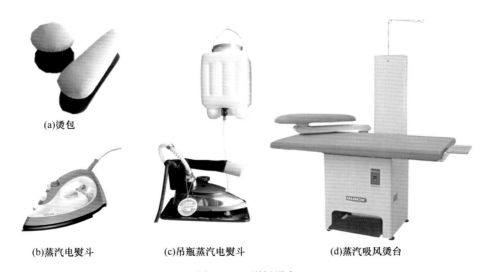

(a)烫包

(b)蒸汽电熨斗　　　(c)吊瓶蒸汽电熨斗　　　(d)蒸汽吸风烫台

图1-2-4　熨烫设备

5. 缝纫工具（图1-2-5）

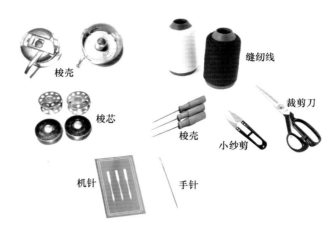

图1-2-5　缝纫工具

三、缝纫工具及设备操作注意事项（表1-2-2）

表 1-2-2　缝纫工具及设备操作注意事项

主要设备	操作注意事项
高速平缝机	缝制前要调节好底面线张力和所需针距，选择适合面料厚度的机针型号，机针安装的方向和深度要正确，梭芯套要安装到位，开机6～10s后才允许操作使用
三线锁边机	使用前调节好需要的针距密度，根据布料的弹性调节好顺、逆差动杠杆，将上、左、前三个盖板以及压脚安装正确到位，缝纫过程严禁将手靠近切刀处，开机6～10s后才允许操作使用
吊瓶蒸汽电熨斗	使用前要了解各种材质的布料所能承受的温度，严禁将温度调节超过布料所能承受的最高温度，不能长时间将熨斗放置在布料上，熨烫过程中避免烫到熨斗的电源线和水管，熨斗最好使用经过净化的纯净水，时刻注意熨斗是否有漏电现象，如有则立即停止使用直到修复
粘衬机	操作前需要了解所需要黏合布料和粘衬的温度，调节好所需要温度后提前30min开机预热（调慢输送带），使用完毕，关闭温度调节器后仍需要开机30min散热（调快输送带），最后用甲基硅油保养输送带
挑脚机	根据布料厚度调节好下模块的高低，缝纫成功结束后要在叉针处倒车剪线才能加固缝线线迹
套结机	必须安装防护镜以保护操作者的眼睛，使用前按说明向各个油孔加注润滑油，选择适合面料厚度的机针，调节好打枣套结的横向距离和纵向宽度，操作者严禁将手放进上下夹具之间
锁眼机	必须安装防护镜以保护操作者的眼睛，使用前更换齿轮以调节好需要的针距密度，根据扣眼长度调节行程杠杆，选择适合面料厚度的机针型号，选择长度合适的扣眼开眼切刀并更换，如遇到弹性较大的布料就需要熨烫粘衬定型并更换压脚，选择韧度较强的缝线，在特殊情况下需要配合使用线油（甲基硅油）
钉扣机	必须安装防护镜以保护操作者的眼睛，使用前按照说明向各个油孔加注润滑油，根据纽扣的大小调节夹紧装置的张力，按照纽扣通孔的距离调节夹紧装置的横向、纵向针位，操作过程中，操作者一定要将纽扣角度、深度安放正确
绣花机	根据设计软件原创意选择绣花线颜色，根据色线调配针位，操作者注意框架移位不能超过上限，多针位配合使用时要注意自动剪线是否完成到位

任务二　常见线迹与缝型缝制

任务目标

1. 能说出常见的线迹、缝型的种类和运用处。
2. 能缝制出常见的线迹、缝型。
3. 各类缝型的缝制工艺，主要掌握缝型的连接方式和缝份宽度。
4. 能熟知各类缝型在服装当中的运用。

任务描述

该任务主要是学会按照工艺单的各项要求完成整件直筒裙的工艺制作，掌握直筒裙的制作工艺要点和工艺流程，对所制作的裙子进行质量检验。本课主要讲授各类缝型的缝制工艺，主要掌握缝型的连接方式和缝份宽度，并能熟知各类缝型在服装当中的运用。

任务要求

1. 教师准备好各种缝纫工具实物。
2. 到服装实训室或企业认识各种常见的缝纫设备。
3. 缝纫设备的使用一定要注意操作安全事项，遵守实训室管理条例。

任务实施

一、各种线迹的缝制

1. 1cm宽直线

准备白布一张，首先在距离左布边1cm宽的最顶端位置倒回针3～4针；然后平直地车缝50cm长的直线，注意保持距离左布边1cm宽的状态；最后在白布最底端倒回针3～4针，如图1-2-6（a）所示。

2. 0.6cm宽直线

准备白布一张，首先在距离左布边0.6cm宽的最顶端位置倒回针3～4针；然后平直地车缝50cm长的直线，注意保持距离左布边0.6cm宽的状态，最后在白布最底端倒回针3～4针，如图1-2-6（b）所示。

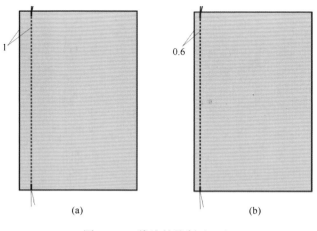

图1-2-6 线迹的缝制（一）

3. 0.1cm直线

缝制方法与"0.6cm直线"同理，注意保持距离左布边0.1cm宽的状态，如图1-2-7（a）所示。

4. 0.6cm+0.1cm双明线

缝制方法与"0.6cm直线和0.1cm直线"同理，注意分别保持距离左布边0.6cm、0.1cm宽的状态，如图1-2-7（b）所示。

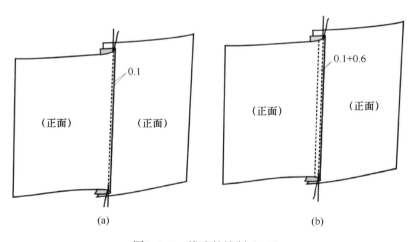

图1-2-7 线迹的缝制（二）

5. 字母曲线

准备大小为10cm×10cm的双层面料若干张，车缝字母X、S、Z、M、O，字母大小不小于8cm×8cm，车缝的笔画顺序与书写的笔画顺序一样，注意车缝的开头与结尾分别倒回针3~4针，如图1-2-8所示。

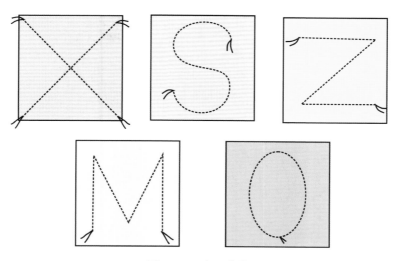

图1-2-8　字母曲线

二、各种缝型的缝制

服装的成品是由许多部件组合而成的，部件与部件之间的整合是由不同的缝型拼合而成的。根据服装款式与面料的特点，服装在具体的生产过程中所选择的缝型也有所不同。本部分介绍服装企业常用的机缝缝型方法。

1.平缝

平缝指把两层面料的正面相对，在反面缉线的缝型。这种缝型宽一般为0.8～1.2cm，在缝纫工艺中，这种缝型是最简单的缝型。将缝份倒向一边的称作倒缝；缝份分开烫平的称作分开缝。平缝广泛使用于上衣的肩缝、侧缝，袖子的内外缝，裤子的边缘、下裆缝等部位。在缝制开始和结束时做倒回针，以防止线头脱落，并注意上下层布片的齐整，如图1-2-9所示。

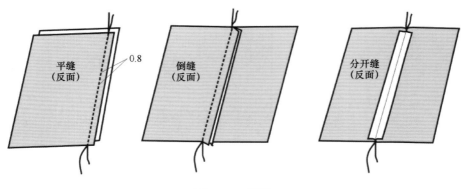

图1-2-9　平缝

2.扣压缝

先将面料按规定的缝份扣烫平，再将它组装到规定的位置，缉0.1cm的明线。扣压缝常用于男裤的侧缝、衬衫的覆肩、贴袋等位置，如图1-2-10所示。

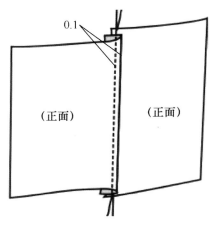

图1-2-10　扣压缝

3. 内包缝

将面料的正面相对重叠，在反面按包缝宽度做成包缝。绱线时，绱在包缝的宽度边缘。包缝的宽窄是以正面的缝迹宽度为依据，有0.4cm、0.6cm、0.8cm、1.2cm等。内包缝的特点是正面可见一根线，反面是两根底线。常用于肩缝、侧缝、袖缝等部位，如图1-2-11所示。

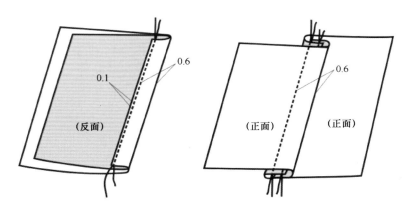

图1-2-11　内包缝

4. 外包缝

缝制方法与内包缝相同，将面料的反面与反面相对重叠后，按包缝宽度做成包缝，然后距包缝的边缘绱0.1cm明线一道，包缝宽度一般有0.5cm、0.6cm、0.7cm等多种。外观特点与内包缝相反，正面有两根线（一根面线，一根底线），反面是一根底线。常用于西裤、夹克衫等服装中，如图1-2-12所示。

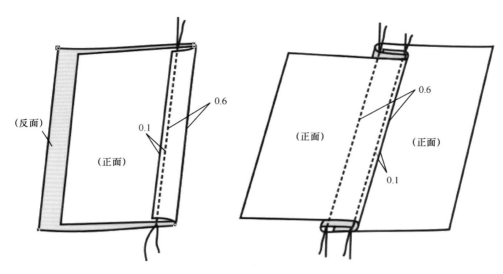

图1-2-12　外包缝

5. 来去缝

正面不见缉线的缝型。缝料反面相对后，距边缘0.3cm缉明线，并将布边毛屑修光。再将两面料正面相对后缉0.7cm的缝份，且使第一次缝份的毛屑不能外露。适用于缝制细薄面料的服装。如图1-2-13所示。

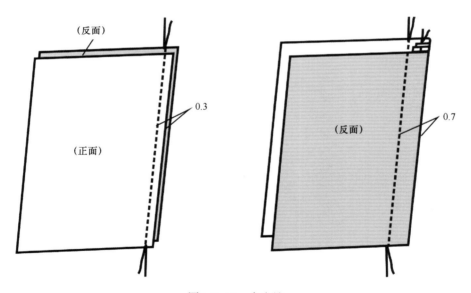

图1-2-13　来去缝

6. 卷缉缝

将面料的一边缝份连续折叠两次后，沿边缉一道0.1cm线迹将其固定，明线距边沿宽1.5～2cm，常用在裙摆、裤脚、上衣衣摆等处，如图1-2-14所示。

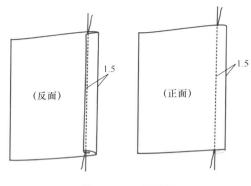

图1-2-14　卷缉缝

任务拓展训练

1. 剪两片8cm宽、40cm长的布料叠齐在一起，车缝1cm、0.6cm、0.1cm直线；0.6cm+0.1cm双明线；剪两片20cm宽的正方形布料叠齐在一起，车缝字母X、S、Z、M、O线迹，每种练习3个。

2. 剪两片8cm宽、40cm长的布料叠齐在一起，进行平缝、扣压缝、内包缝、外包缝、来去缝的缝制，每种3个。

任务三　熨烫与粘衬工艺

任务目标

1. 能说出熨烫的使用方法及安全注意事项。
2. 能例举粘衬的使用部位及作用。
3. 能正确操作蒸汽电熨斗熨烫布料。
4. 能正确操作蒸汽电熨斗给布料粘衬。

任务描述

该任务主要讲授熨烫、粘衬工艺，主要掌握熨烫的手法与粘衬的整理，并能熟练运用在各类服装中。

任务要求

1. 教师准备好各种缝纫工具实物。
2. 到服装实训室或企业认识各种常见的缝纫设备。
3. 缝纫设备的使用一定要注意操作安全事项，遵守实训室管理条例。

知识准备

一、熨烫工艺

熨烫技术和技巧作为服装制作的基础工艺和传统技艺，在缝制技术和工艺中占有重要的地位。从衣料的整理开始，到最后成品的完美成型，都离不开熨烫，尤其是高档服装的缝制，更需要运用熨烫技艺来保证缝制质量和外观造型的工艺效果。服装行业用"三分缝制七分熨烫"来强调熨烫技术在服装缝制过程中的地位和作用。

熨烫工艺要求根据面料质地和衣片所处部位以及服装的款式、造型、结构等不同要求来选择运用不同的技法。根据面料质地的不同和工艺要求不同，大致可以把熨烫工艺分为平烫、归烫、拔烫、推烫、扣烫、分烫、压烫七种基本技法。

二、粘衬工艺

1.黏合衬的作用

黏合衬是指在基布的一面涂上一层热塑性的黏合树脂，通过一定的温度与压力，就可以与其他织物黏合在一起，它的作用有以下几点。

（1）控制和稳定服装关键部位的尺寸。

（2）能增强某些面料的可缝性。

（3）使服装外观挺括、造型优美。

（4）耐干洗、湿洗，水洗后平整，不起皱、不变形。

2.黏合衬的裁剪方法

机织或针织黏合衬的丝缕方向要与被黏合面料的丝缕方向一致。非织造布黏合衬一般要看其中纤维的排列方向，并要看裁片的功能。非织造布中纤维有明确的方向性时，它的纹路与面料的纱线方向保持一致效果会更好。裁剪时将粘有树脂的一面折向内侧，按粘衬样板进行排料裁剪。如图1-2-15所示。

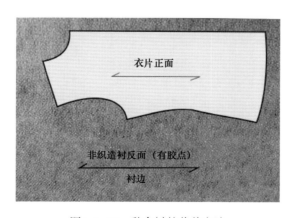

图1-2-15　黏合衬的裁剪方法

任务实施

一、熨烫工艺

1. 平烫

平烫是将衣物放在衬垫物上，依照衬垫物的形状平烫，不做故意伸缩处理，是最基本的技法，用途最广泛。平烫时，右手握住熨斗，按自右向左、自上向下的方向推移。熨斗向前推时，熨斗尖略抬起一点，向后退时，熨斗后部略抬起一点，这样熨斗才能进退自如。熨烫时用力要均

图1-2-16　平烫

匀，左手按住布料配合右手动作，使熨斗推动时布料不跟随移动。如图1-2-16所示。

2. 归烫

归就是归拢，是把衣料按已定的要求挤拢归缩在一起加以定型的手法。归缩一般是从里面做弧形运动，逐步向外缩烫至外侧，缩量渐增、压实定型，造成衣片外侧因为纱线排列的密度增加而缩短，从而形成外凹内凸的对比及弧面变形。简单来说，归烫就是把直线或外弧衣片边线烫成内弧线。归烫时，右手推移熨斗，左手归拢丝线，用力要根据位置变化而变化。熨烫后的面料变形自然，扇面平服。归的时候，利用织物的自然弹性，将长的归短，熨斗走的时候，沿边要轻轻抬起，左手将面料送进，慢慢归拢。如图1-2-17所示。

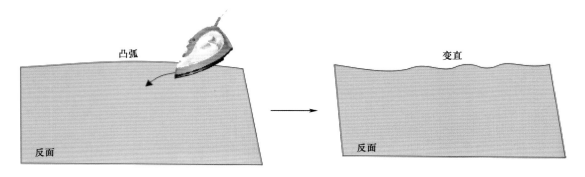

图1-2-17　归烫

3. 拔烫

拔就是拔开，把衣料按预先定下的要求伸烫拔开并加以定型的手法。拔烫就是把内弧衣片边线烫成直线或外弧线。加力伸拔逐步向外推进，拔量递减，并压实定型；布料变形自然，扇面平整；底边凹进处要烫直，实际操作中应拔烫多一些，即向外凸一些，以作为回缩的余量。如图1-2-18所示。

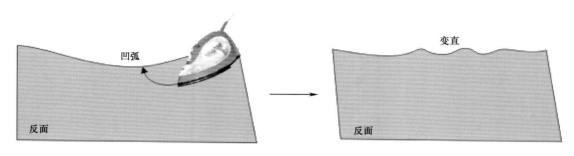

图1-2-18　拔烫

4. 扣烫

扣烫是把衣料折边或翻折的地方按要求扣压、烫实定型的熨烫手法。扣烫分扣倒或扣折，扣倒是衣片按预先要求一边折倒而扣压熨定型。扣烫操作一般是一手扣折，一手压烫。像衣服的下摆、袖口、裤子的裤口等有倒缝的部位都要用到扣烫。扣烫省道时，在省道和面料之间放上一片大于省长和省宽的纸条，可以避免在服装的正面出现压痕。如图1-2-19所示。

5. 分烫

分烫又称作"分缝"，是一种将缝在一起的衣料缝分开烫平的方法。专用于服装中的分缝。分烫时以左手食指、拇指、中指配合动作，轻轻拨开缝份，右手握熨斗，用以熨斗尖逐渐跟进，分完缝份后翻折衣料，使缝份向下，用熨斗底面全部压在布面上来回熨几趟，把布面烫平。如图1-2-20所示。

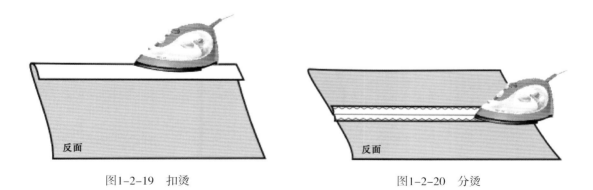

图1-2-19　扣烫　　　　　　　　　　　图1-2-20　分烫

二、粘衬工艺

1. 试粘

在正式黏合前，要进行试粘，同时观察以下几方面情况。

（1）查看黏合后，面料的硬度、弹性是否合适。

（2）面料正面是否变色，是否有黏合剂渗透到面料上。

（3）有粘衬的部位的面料是否缩紧或拉大。

（4）检查粘衬与面料是否能剥离开。

若没有出现以上情况，就可以正式黏合熨烫。

2. 手工烫粘衬的方法（图1-2-21）

（1）将面料反面朝上放平整，再把有树脂一面的粘衬与面料相对放在指定位置。

（2）将烫垫布或纸垫放在粘衬上，用蒸汽烫斗进行熨烫。注意不要将熨斗左右滑移，要压烫。每处压烫10~15s，温度控制在140℃左右，熨烫温度和时间应根据面料的不同而进行调整。

（3）熨烫时不能漏烫，每处都需使用相近的温度和压力。

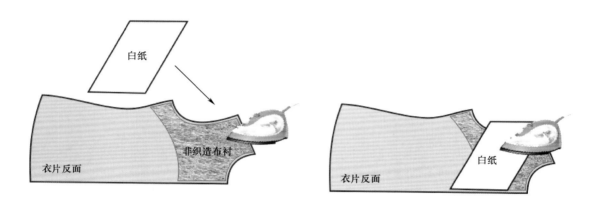

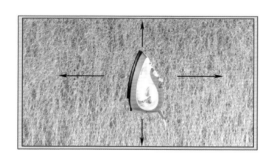

图1-2-21 手工烫衬的方法

任务拓展训练

1. 把以前做好的省道、褶子、缝型进行熨烫练习。

2. 剪一片40cm长、6cm宽的布料，同时配剪一片一样大小的粘衬，进行粘衬练习。

任务四 省与褶的缝制

任务目标

1. 能说出常见省与褶的种类和运用处。
2. 能缝制出常见的省与褶。

任务描述

该任务主要是学会按照工艺单的各项要求完成整件直筒裙的工艺制作，掌握直筒裙的制作工艺要点和工艺流程，对所制作的裙子做质量检验。

任务要求

1. 教师准备好各种缝纫工具实物。
2. 到服装实训室或企业认识各种常见的缝纫设备。
3. 缝纫设备的使用一定要注意操作安全事项，遵守实训室管理条例。

任务实施

一、收省

1. 省的车缝与熨烫

如图1-2-22所示，车缝省道，正确的缝法是从布边开始，开始处须倒回针，车缝到省尖时不倒回针，用打结来固定以防脱线；烫省时，省尖处在圆形熨烫台（布馒头）上作回旋压烫。

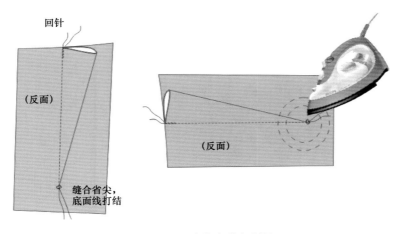

图1-2-22 省的车缝与熨烫

2. 熨烫薄料省

熨烫薄料省时，可以省份一边倒压烫，也可以省份分烫，如图1-2-23所示。

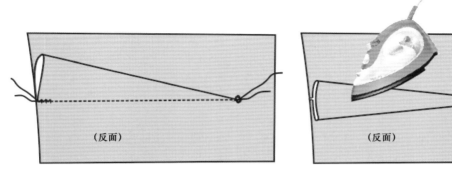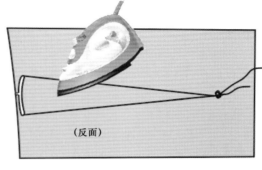

图1-2-23　烫薄料省

3. 熨烫厚料省

为使服装正面看上去平顺，当面料较厚时，省的处理可用剪刀或垫布等方法。如图1-2-24所示。

（1）剪开省缝头，剪到离省尖1~2cm。

（2）用熨斗分烫开，若无里布，可对省的缝头进行缲缝锁边。

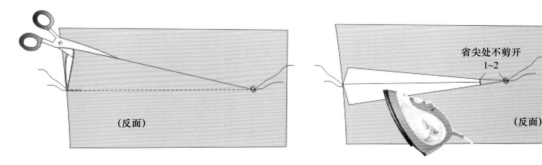

省尖处不剪开
1~2

图1-2-24　烫厚料省

二、褶的缝制

1. 明褶

先将褶按折量烫好，褶的倒向依设计而定，然后将其与另一衣片缝合。如图1-2-25所示。

图1-2-25　明褶

2. 暗裥

将褶按其大小在反面车缝固定，然后在正面将其烫倒（褶的倒向依设计而定），再将其与另一衣片缝合。如图1-2-26所示。

图1-2-26　暗裥

3. 自由缩褶

放长针距，在面料上车缝两条线，抽紧底线使之成为褶，将褶缩短到需要的长度后再将其与另一衣片缝合。如图1-2-27所示。

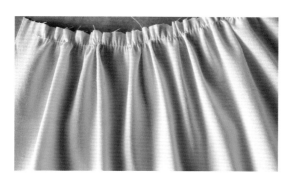

图1-2-27　自由缩褶

任务拓展训练

剪两片30cm宽的正方形布料叠齐在一起，进行省、褶的缝制，每种练习3个。

任务五　围裙制作工艺

任务目标

1. 能看懂围裙工艺单的各项要求。
2. 能独立完成一条围裙制作。

任务描述

该任务主要是学会按照工艺单的各项要求完成整件围裙的工艺制作，掌握围裙的制作工艺要点和工艺流程，对所制作的围裙做质量检验。

任务要求

1. 每人准备好裁剪工具、缝纫工具和熨烫设备。
2. 每人准备好制作围裙的面、辅材料。
3. 对面料进行预缩。
4. 认真阅读工艺单各项要求。
5. 注意缝纫设备使用操作安全事项。

任务实施

一、阅读工艺单

围裙制作工艺单见表1-2-3。

表1-2-3　围裙制作工艺单

客户：		款号：	款式：	制作日：

规格	
部位尺寸（cm）	
裙身长	80
背带长	65
袋宽	19
袋高	14
系带长	35

续表

面辅料清单				
面辅料	规格要求	使用部位	单件耗料	LOGO 标识
面料	幅宽 145cm	裙片、袋布、背带、系带	1m	裁片先印
粘衬	非织造布粘衬，幅宽 90cm	袋底	0.2m	
塔线	配色缝纫线 604、锁边线 402			

工艺操作流程
印LOGO标识→做双层口袋→车钉口袋→做背带→做系带→背带、系带定位→裙身折边夹车背带→裙身折边夹车系带→围裙脚口折边→全面整烫

重点工艺说明
1. 明线针距13针/3cm，手针线针距为4针/3cm 2. 围裙各裁片经纬纱向正确 3. 口袋定位方正、平整，袋角圆顺 4. 裙身折边宽度均匀，毛纱不外露，裙摆折边宽窄一致 5. 背带边沿止口不反吐，车缝线迹良好，缉线线迹整齐匀称 6. LOGO标识印制定位准确

二、裁片数量（表1-2-4）

表 1-2-4　裁片数量

名称	裙身	背带	系带	大贴袋	小贴袋
数量	1 片	2 片	2 片	1 片	1 片

三、放缝、文字纱向标注、排料、幅宽（图1-2-28）

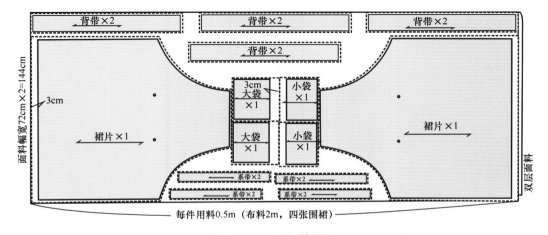

图1-2-28　围裙排料图

四、工艺质量检验标准（表1-2-5）

表 1-2-5　工艺质量检验标准表

序号	评价内容	工艺标准	分值	评分
1	外观造型	成品外观与款式相符，产品整洁，各部位熨烫平服，无线头，无污渍，无极光，无死痕，无烫黄，无变色	20	
2	经纬纱向	各部位丝缕正确、顺直平整	10	
3	针距要求	14针/3cm	5	
4	成品尺寸公差	裙长：±1 cm　　胸围：±2 cm	10	
5	重要部位质量要求	口袋：位置正确、圆角圆顺，袋口方正牢固，三周缉线均匀	15	
		背带：宽窄一致、止口不反吐、定位准确、牢固	15	
		边沿：卷边宽窄一致，平整不起扭，缉线均匀	15	
6	制作时间	在规定时间2h内完成	10	

任务拓展训练

利用身边的零头布料，动手设计和制作一款手提袋、零钱袋或笔袋等。款式如图1-2-29所示。

成品尺寸 袋高 × 袋宽 × 提带长		
成品尺寸 袋高 × 袋宽		

图1-2-29　手提袋、零钱袋、笔袋款式图

第二模块　下装应用模块

项目一　半身裙结构设计与制作工艺

任务一　半身裙原型绘制

任务目标

1. 能说出半身裙原型功能和作用。
2. 能说出半身裙原型各部位名称。
3. 能说出半身裙原型规格尺寸。
4. 能绘制半身裙原型结构图。
5. 能给自己做一份裙原型。

任务描述

该任务主要是对半身裙原型有一个初步认识，掌握半身裙原型规格尺寸的确定方法，绘制出一份完整的半身裙原型前后片结构图，并理解半身裙原型的结构设计要点和设计原理。

知识准备

一、半身裙的分类

1. 按半身裙长度分类（图2-1-1）

（1）超短裙：超短裙也称作迷你裙，长度至臀沟，腿部几乎完全外裸。

（2）短裙：长度至大腿中部的裙子。

（3）及膝裙：长度至膝关节上端的裙子。

（4）中长裙：长度至小腿中部的裙子。

（5）长裙：长度至脚踝骨的裙子。

（6）曳地长裙：长度至地面的裙子。

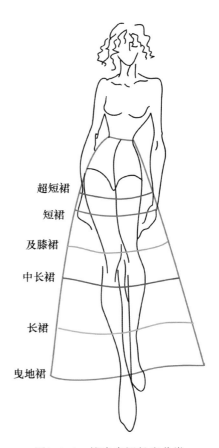

图2-1-1　按半身裙长度分类

2.按半身裙的整体造型分类

（1）直裙：结构较严谨的裙装款式，如西服裙、旗袍裙、筒形裙、一步裙等都属于直裙结构。

（2）斜裙：通常称作喇叭裙、波浪裙、圆桌裙等，是一种结构较为简单，动感较强的裙装款式。

（3）塔裙：结构形式多样，基本形式有直接式节裙和层叠式节裙，在礼服和生活装中都可采用。

3.按半身裙的腰头高低分类（图2-1-2）

可分为自然腰裙、无腰裙、连腰裙、低腰裙、高腰裙和连衣裙等。

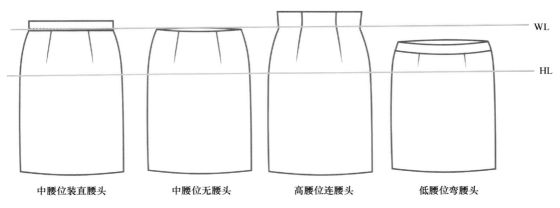

| 中腰位装直腰头 | 中腰位无腰头 | 高腰位连腰头 | 低腰位弯腰头 |

图2-1-2　按半身裙腰头高低分类

（1）自然腰裙：腰线位于人体腰部最细处，腰宽3~4cm。

（2）无腰裙：位于腰线上方0~1cm，无须装腰，有腰贴。

（3）连腰裙：腰头直接连在裙片上，腰头宽3~4cm，有腰贴。

（4）低腰裙：腰头在腰线下方2~4cm，腰头呈弧线。

（5）高腰裙：腰头在腰线上方4cm以上，最高可到达胸部下方。

4.按半身裙裙摆的大小分类（图2-1-3）

按裙摆的大小来分，通常分为紧身裙、直筒裙、半紧身裙、斜裙、半圆裙和整圆裙。

（1）紧身裙：臀围放松量为4cm左右，结构较严谨，下摆较窄，需开衩或加褶。

（2）直筒裙：整体造型与紧身裙相似，臀围的放松量也为4cm，只是臀围线以下呈现直筒的轮廓特征。

（3）半紧身裙：臀围放松量为4~6cm,下摆稍大，结构简单，行走方便。

（4）斜裙：臀围放松量为6cm以上，下摆更大，呈喇叭状，结构简单，动感较强。

（5）半圆裙和整圆裙：下摆更大，下摆线和腰线呈180°或270°或360°等圆弧。

(a)及膝直筒裙	(b)中长斜裙	(c)抽褶大摆长裙
(d)无腰育克褶裙	(e)高腰紧身裙	(f)短塔裙

图2-1-3　按半身裙裙摆大小分类

任务要求

1.学生准备好制图工具，如全开绘图纸、HB铅笔、2B铅笔、长尺、三角板、软尺等。

2.教师准备贴有标识线的人台一个，找出标识线的位置。

3.学生认真观察人台特征，用软尺测量人台的腰围、臀围尺寸。

任务实施

一、认识原型

服装造型学中的原型，是指平面制板中所用的基本纸样，就是简单的、不带任何款式变化因素的立体型服装纸样。它要求款式设计上尽可能简单，覆盖面尽可能广，适合人体形态，原型分为裙原型、裤原型、衣原型，裙原型就是裙子的基本纸样。

二、认识半身裙原型各部位名称（图2-1-4）

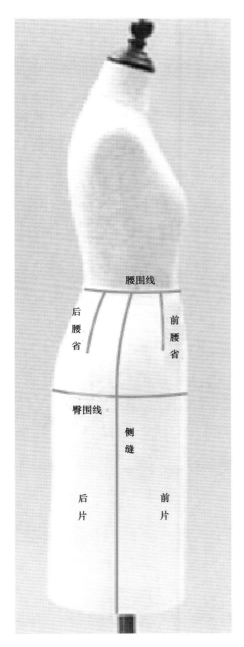

腰围线

后腰省

前腰省

臀围线

侧缝

后片

前片

侧面

前腰围线

前腰省

前臀围线

前中线

前片

正面

图2-1-4

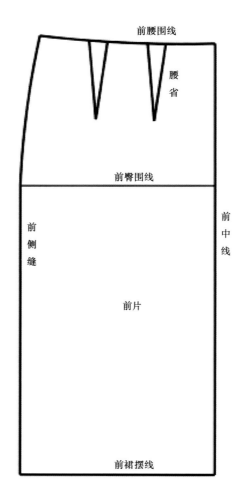

图2-1-4 半身裙原型各部位名称

三、确定作图尺寸（表2-1-1）

表2-1-1 作图尺寸   单位：cm

号型 160/66A	部位名称	裙长（L）	腰围（W）	臀围（H）	臀高
	成品尺寸	55	66	92	18

四、绘制结构图

结构图的绘制如图2-1-5所示。

1. 前片

（1）取裙长55cm。

（2）取臀高线18cm。

（3）取前臀围大：$H/4+1cm$。

（4）取前腰围大：$W/4+1cm$。

（5）将腰臀差分成三等份，取两等份得到侧腰点，作腰臀弧线，延长0.7cm作为起翘，作前腰口弧线。

（6）将前腰口弧线分成三等份，在等分处作短垂线，分别为10cm和9cm，取腰臀差三等份的一等份作为省宽。

（7）作前侧缝直线。

（8）轮廓线用粗线勾勒，前中线用点划线迹标识。

2. 后片

（1）取后臀围大：$H/4-1$cm。

（2）取后腰围大：$W/4-1$cm。

（3）将腰臀差分成三等份，取两等份得到侧腰点，作腰臀弧线，延长0.7cm作起翘，将后中心线下降1cm作后腰口弧线。

（4）将后腰口弧线分成三等份，在等分处分别作11cm和10cm的短垂线，取腰臀差三等份的一等份作为省宽。

（5）作后侧缝直线。

（6）用粗线勾勒轮廓线，后中线用点划线迹标识。

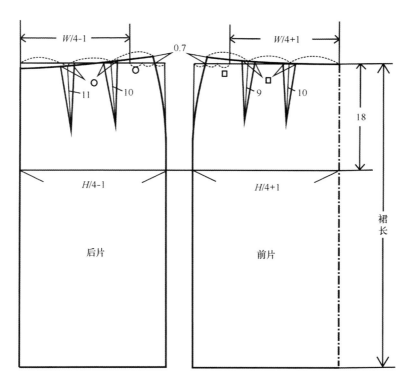

图2-1-5　半身裙原型结构图

五、结构设计要点分析

（1）裙子后中心线低落1cm是因为臀腰后部差值较大，腰部会在那里堆积横绺。

（2）为保证相同倾斜度，裙子前后侧缝撇去量应相等。

（3）腰线注意作出弧线，使缝合后的腰缝圆顺。

（4）因年轻人臀部曲线明显，裙子前腰省小后腰省大。

知识链接

半身裙的裙腰为什么要收省？

"省道"——用平面的布包覆人体某部位曲面时，根据曲面曲率的大小而折叠、缝合进去多余部分，在裙子上腰口部位要收腰省，是为了解决臀腰差的问题，收省后，腰部变得合体，臀部变得凸起，正好满足人体的腰部、腹部和臀部的造型需要（图2-1-6）。

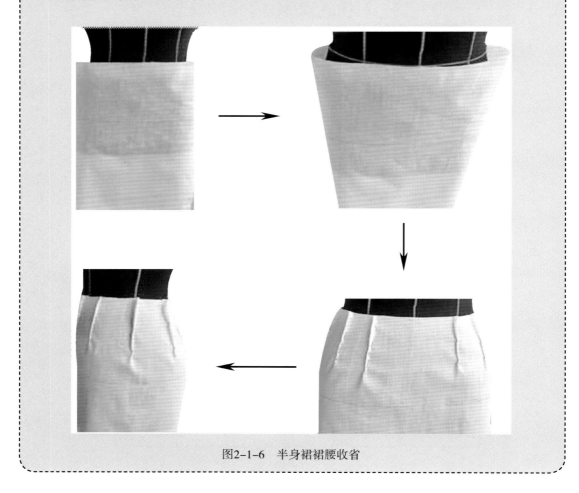

图2-1-6 半身裙裙腰收省

任务拓展训练

用1：1的比例给自己作一个半身裙原型结构图。

任务二 直筒裙结构设计与制作工艺

子任务一 直筒裙结构设计

任务目标

1. 能说出直筒裙的款式特征。
2. 能测量人体尺寸，确定直筒裙成品规格。
3. 能描述直筒裙制图的全过程。
4. 能用裙原型绘制一份直筒裙结构设计图。

任务描述

该任务主要是掌握整个直筒裙结构设计的过程，即人体测量→成品规格的确定→用裙原型作直筒裙结构图，并理解直筒裙腰省道分配的原理。

知识准备

裙子最简单的形态呈圆筒形，即直筒裙（也称作直身裙）。直筒裙是西服裙类一种最常见的款式，常与西服、衬衣搭配，款式端庄大方，适合在社交、商务礼仪、服务行业场合中工作的职业女性穿着，这种裙型能够给人带来端庄娴静的形象。可以对直筒裙基本款进行变化设计，如分割、开衩、抽褶等，如图2-1-7所示。

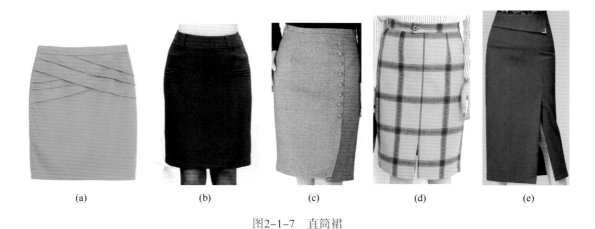

(a)　　　　(b)　　　　(c)　　　　(d)　　　　(e)

图2-1-7　直筒裙

任务要求

1. 学生准备好制图工具。

2.教师准备裙原型一份，利用裙原型进行结构设计。

3.教师准备一条直筒裙样裙穿在人台上。

4.师生共同分析款式图，包括款式分析、成品尺寸分析、结构分析、工艺分析。

任务实施

一、款式特征分析（图2-1-8）

（1）裙长设计：裙长在膝盖以上10~15cm为宜。

（2）腰头设计：前后腰部各设计1个腰省。

（3）开衩设计：后中线开衩高15cm。

（4）开口设计：后中装隐形拉链。

（5）腰头设计：中腰位装直腰头。

（6）适合面料：棉、化学纤维类、混纺等中厚型面料。

图2-1-8　直筒裙款式

二、确定作图尺寸（表2-1-2）

表 2-1-2　作图尺寸　　　　　　　　　　　　　　　　　　　　　　　　单位：cm

号型 160/66A	部位名称	裙长（L）	腰围（W）	臀围（H）	臀高
	成品尺寸	55	66	92	18

三、绘制结构图

结构图的绘制如图2-1-9所示。

1．前片

（1）取出裙原型，用长虚线画出裙原型轮廓线，标明前后片两只省道线及臀围线。

（2）确定裙身长。裙身长=总裙长–腰头宽3cm。

（3）将裙原型的两只省道转换成一只省道，省道宽3cm。

（4）画顺腰口到臀围处的侧缝线。

（5）将腰省上方加入省凸量，画顺腰口弧线。

2．后片

（1）按前片作图方法画出后片的腰口线和侧缝线。

（2）后中开衩，左贴边：长15cm×宽3cm；右贴边：长15cm×宽6cm。

3．腰头

腰头长：腰围+3cm（搭门宽）；腰头宽：3cm。

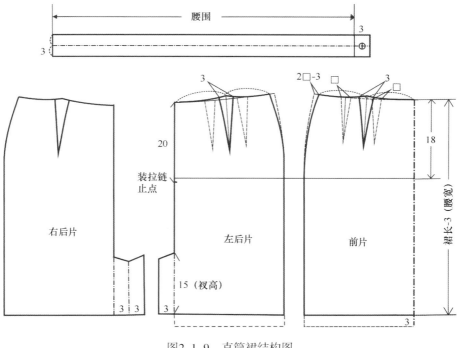

图2-1-9 直筒裙结构图

四、直筒裙结构设计要点分析

直筒裙是裙装中的基本裙款，其结构保留裙原型的基本框架，即臀围线以上是合体的，而臀围线以下呈直身状；把裙原型腰部双省道设计为单省道，重新分配省量大小，新的省道因省道量加大，省道长度也应相应加长；为了让收好省后的腰线圆顺，需要将省中外加省凸量。

任务拓展训练

根据所给的款式图（图2-1-10），列出其成品尺寸，再作出1：1结构图。

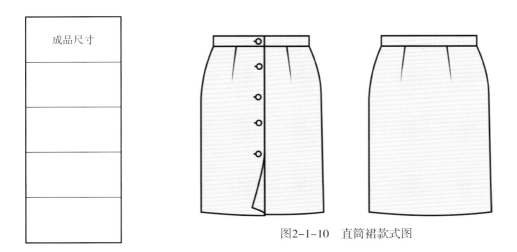

成品尺寸

图2-1-10 直筒裙款式图

子任务二 直筒裙制作工艺

任务目标

1. 正确绱隐形拉链制作。
2. 能按工艺单各项工艺要求做好直筒裙制作的准备工作。
3. 能识别不同面料纱方向，正确排料，完成直筒裙面料的裁剪。
4. 能按正确的工艺流程和方法完成直筒裙的制作。
5. 能正确对直筒裙进行全面熨烫定型。
6. 能对所制作的直筒裙做全面的质量检验。

任务描述

该任务主要是学会按照工艺单的各项要求完成整件直筒裙的工艺制作，掌握直筒裙的制作工艺要点和工艺流程，对所制作的裙子做质量检验。

任务要求

1. 每人准备好裁剪工具、缝纫工具和熨烫设备。
2. 每人准备好制作直筒裙的面辅料。
3. 对面料进行预缩。
4. 认真阅读工艺单要求。

任务实施

一、阅读工艺单

直筒裙制作工艺单见表2-1-3。

表 2-1-3　直筒裙制作工艺单

客户：			款号：		款式：		制作日期：	

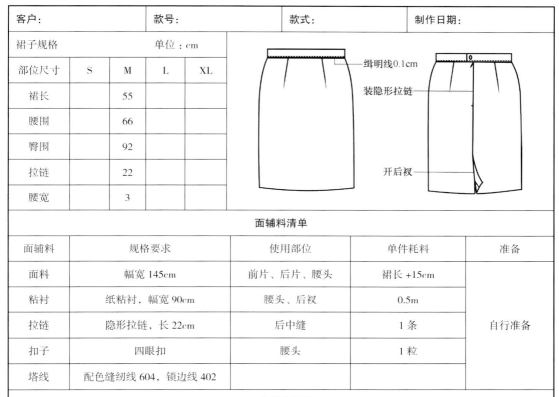

裙子规格			单位：cm	
部位尺寸	S	M	L	XL
裙长		55		
腰围		66		
臀围		92		
拉链		22		
腰宽		3		

缉明线0.1cm

装隐形拉链

开后衩

面辅料清单				
面辅料	规格要求	使用部位	单件耗料	准备
面料	幅宽 145cm	前片、后片、腰头	裙长 +15cm	
粘衬	纸粘衬，幅宽 90cm	腰头、后衩	0.5m	
拉链	隐形拉链，长 22cm	后中缝	1 条	自行准备
扣子	四眼扣	腰头	1 粒	
塔线	配色缝纫线 604，锁边线 402			

工艺操作流程
后中装拉链处粘衬→裁片锁边→收前、后腰省→烫省→缝合后中并上下留口→缝合后中装隐形拉链→开后衩→缝合侧缝→烫腰头→装腰头→裙摆挑三角针→全面整烫

裁剪及制作工艺说明

1. 丝缕正确，不遗漏对位刀口和定位钻孔；排料合理，面料反面划样

2. 明线针距为13针/3cm，手针线针距为14针/3cm

3. 省尖熨烫平服，无起泡、酒窝现象

4. 开衩：衩位封口密合，开衩不裂、不豁、不搅，衩尾左右高低平齐

5. 隐形拉链：隐形拉链左右高低一致，拉链不能外露、豁开，拉链下端封口平服

6. 做腰头：扣烫精准定型，腰头宽窄顺直一致，装腰处腰头里比腰头面多烫出0.1cm

7. 缉腰头：压明线时不漏线，腰头无涟形；腰头装拉链处两端左右高低一致

8. 裙摆手针挑三角针线迹均匀、平整，不外露

二、裁片数量（表2-1-4）

表 2-1-4　裁片数量

名称	前裙片	后裙片	腰头
数量	1 片	2 片	1 片

三、放缝、文字纱向标注、排料、幅宽（图2-1-11）

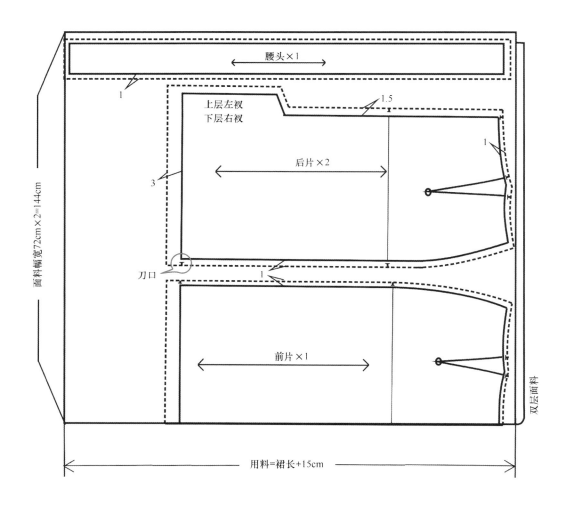

图2-1-11　直筒裙排料图

四、整件制作工艺操作

制作工艺操作详见本教材配套光盘。

五、工艺质量检验标准（表2-1-5）

表2-1-5　工艺质量检验标准

序号	评价内容	工艺标准	分值	评分
1	外观造型	成品外观与款式相符，产品整洁，各部位熨烫平服，无线头，无污渍，无极光，无死痕，无烫黄，无变色	20	
2	经纬纱向	各部位丝缕正确，顺直平整	10	
3	针距要求	14针/3cm	5	
4	成品尺寸公差要求	裙长：±1cm　腰围：±2cm　臀围：±2cm	10	
5	重要部位质量要求	收省：省位左右长短一致，收省顺直，省尖不起坑松散	5	
		腰头：宽窄顺直一致，腰面顺直，无涟形，止口不反吐	15	
		开衩：平服，左右长短一致，衩口不豁开或翻翘	10	
		隐形拉链：长短一致，拉链不能外露，拉链下端封口平服	10	
		底摆：卷边宽窄一致，平整不起扭	5	
6	制作时间	在规定时间（4h）内完成	10	

任务拓展训练

根据提供的图片款式（图2-1-12），动手制作一款抱枕，要求绱隐形拉链。

成品尺寸
长×宽=45cm×45cm

图2-1-12　抱枕款式图

任务三　半圆裙结构设计

任务目标

1.能说出半圆裙的款式特征。

2.能说出半圆裙的结构变化原理。

3.能用裙原型绘制一份半圆裙结构设计图。

4.能举一反三例举其他角度圆裙的结构设计方法。

任务描述

该任务主要是掌握半圆裙结构设计的过程：人体测量→成品规格的确定→作半圆裙结构图；了解半圆裙的款式特征，理解其结构变化原理，学会结构变化方法。

知识准备

圆裙的重点在于整体的伞形轮廓，突出腰胯的曲线一直是优雅伞裙的看点。圆裙可以是半圆180°，可以大于这个角度，也可以小于这个角度。圆裙最大的特点是波浪般的蓬松裙摆，与合体的上装搭配，营造出下身的X造型，轻松地表现出淑女的优雅与复古，整体造型尽显气质典范。如图2-1-13所示。

图2-1-13 半圆裙

任务要求

1.学生准备好制图工具。

2.准备裙原型一份，利用裙原型进行结构设计。

3.认真分析款式图，包括款式分析、成品尺寸分析、结构分析、工艺分析。

任务实施

一、款式特征分析（图2-1-14）

（1）裙型设计：半圆伞型。

（2）裙长设计：中长裙长，裙摆底边在膝盖上下10～15cm处。

（3）腰头设计：中腰位直腰头。

（4）开口设计：右侧装隐形拉链。

（5）适合面料：悬垂感较好的化学纤维或混纺面料。

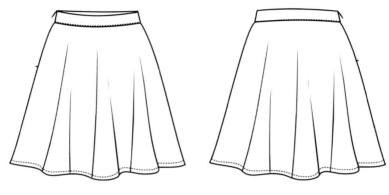

图2-1-14　半圆裙款式

二、确定作图尺寸（表2-1-6）

表2-1-6　作图尺寸　　　　　　　　　　　　　　　　　　　　　　　　　　　　单位：cm

号型 160/66A	部位名称	裙长（L）	腰围（W）	臀围（H）
	成品尺寸	60	66	100

三、绘制结构图

（一）结构图绘制方法一

结构图的绘制步骤如下，如图2-1-15所示，分四步。

1. 第一步

（1）取出裙原型，用长虚线画出裙原型轮廓线，标明省道线、臀围线及两只省道线。

（2）确定裙身长尺寸=总裙长-腰头宽3cm。

（3）通过省尖点将前片分成三等份，合并两省道，裙摆展开，画顺腰口线和裙摆轮廓线。

2. 第二步

将新展开的前片再次分成三等份，每等份裙摆展开7～10cm，画顺腰口线和裙摆轮廓线。

3. 第三步

（1）将前片对称画出另一半，得到一个完整的前片。

（2）按上述方法完成后片，后中降低1cm。

4. 第四步

将前后片侧缝合并成一个半圆整片，粗笔画顺勾勒侧缝与裙摆轮廓线，完成半圆裙的结构设计。

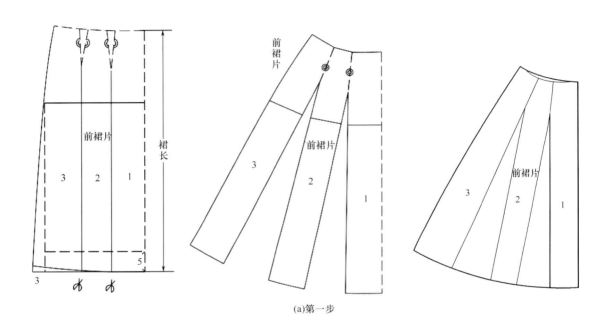

(a)第一步

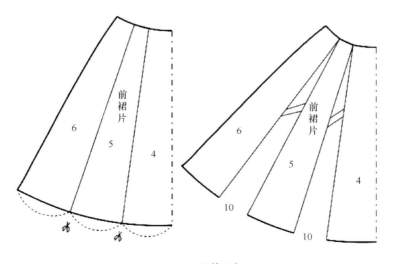

(b)第二步

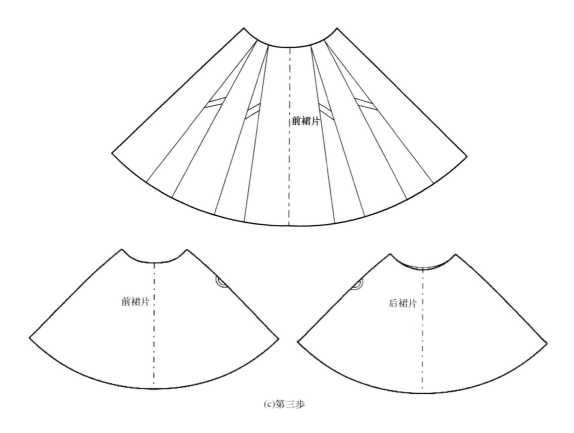

(c)第三步

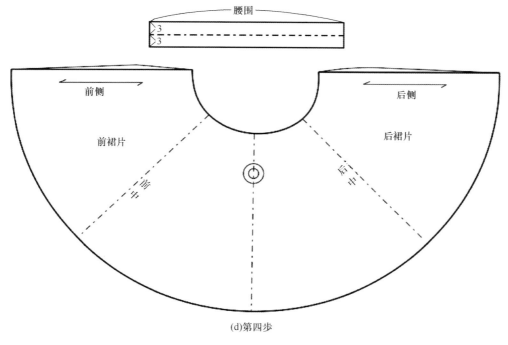

(d)第四步

图2-1-15 半圆裙结构图

（二）结构图绘制方法二

结构图的绘制如图2-1-16所示。

$$\pi/2 \times X = W/2$$

$$X = W / \pi \rightarrow X = 66/3.14 = 21 \, （\mathrm{cm}）$$

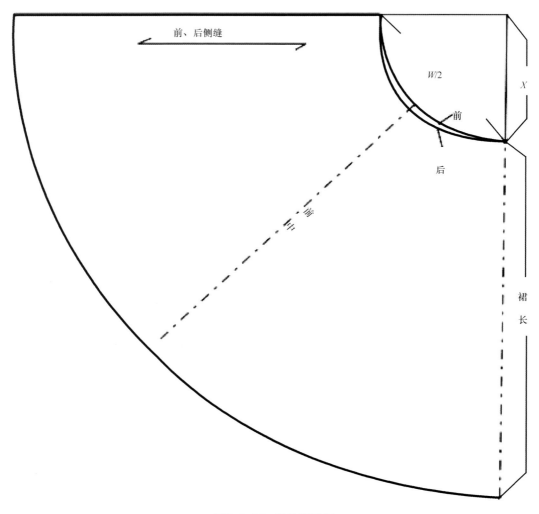

图2-1-16 结构图绘制

知识链接

圆裙裙摆的修正（图2-1-17）

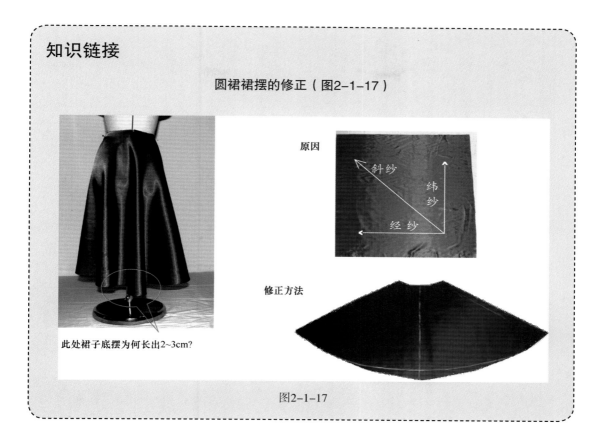

此处裙子底摆为何长出2~3cm？

图2-1-17

任务拓展训练

根据所给的款式图片（图2-1-18），列出其成品尺寸，再作出其1：1结构图。

成品尺寸

图2-1-18 半圆裙款式图

任务四 波浪分割裙结构设计

任务目标

1. 能说出波浪分割裙的款式特征。

2. 能说出波浪分割裙的主要结构变化要领。

3. 能准确确定前后片纵向、横向分割线的位置。

4. 能准确判断波浪分割展开量的大小尺寸。

5. 能用裙原型绘制一份波浪分割裙结构设计图。

任务描述

该任务主要是掌握波浪分割裙结构设计的过程：人体测量→成品规格的确定→作波浪分割裙结构图，掌握纵向分割线的结构设计要领，学会荷叶波浪分割的结构变化方法；初步理解中腰位弯腰头的结构变化方法。

知识准备

波浪分割裙从臀部到裙摆强调廓形设计，可以是横向分割后组合裙，也可以是纵向分割组合裙，还可以是横纵分割后的组合分割裙。横向分割的位置可高可低，可直可曲，纵向分割的数量可多可少。裙摆因分割后展开余量发生造型变化，展开的量越多，裙摆越大，波浪越是起伏。从整体造型看，波浪分割裙上部合体，下部流动而飘逸，增添女性曲线柔美感。如图2-1-19所示。

图2-1-19 波浪分割裙

任务要求

1. 准备好制图工具。

2. 准备裙原型一份，利用裙原型进行结构设计。

3. 认真分析款式图，包括款式分析、成品尺寸分析、结构分析、工艺分析。

任务实施

一、款式特征分析（图2-1-20）

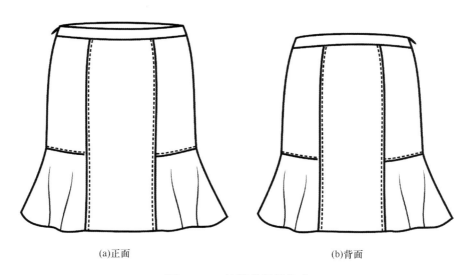

(a)正面　　　　　　　　　　(b)背面

图2-1-20　波浪分割裙款式

（1）裙长设计。裙长在膝盖上约10cm处。

（2）分割线设计。前后各2条竖向分割线，两侧下摆处横向分割线。

（3）外形设计。腰部到臀围处贴体，臀部到侧下摆作荷叶波浪廓形设计。

（4）开口设计。裙右侧缝线装隐形拉链。

（5）腰位设计。中腰位弯腰头。

（6）适合面料。悬垂感较好的化学纤维或混纺面料。

二、确定作图尺寸（表2-1-7）

表 2-1-7　作图尺寸

单位：cm

号型	部位名称	裙长（L）	腰围（W）	臀围（H）
160/66A	成品尺寸	45	68	92

三、绘制结构图

结构图的绘制如图2-1-21所示，分两步。

1. 制图步骤

（1）取出裙原型，用长虚线画出裙原型轮廓线，标明省道线、臀围线及两只省道线。

（2）确定裙长尺寸。

（3）将裙原型的两只省道转换成一只省道，具体方法参照直筒裙省道变化方法。

（4）按款式图比例作出竖向分割线，省尖点对准竖向分割线画顺。

（5）按款式图比例作出横向分割线，下摆处往外加宽3.5~4cm，并与底摆起翘量成直角，画顺腰口到臀围处的侧缝线。

（6）三等分画出剪开线位置，并按剪开线剪开添加拉展量，拉展量为4cm，画顺上下口弧形，得到前下摆荷叶波浪片。

（7）作腰围线3cm的腰头宽平行线，合并腰头宽省道后得到前腰头。

（8）后片按前片方法制图。

（9）合并前后下摆侧缝，得到侧下荷叶波浪片。

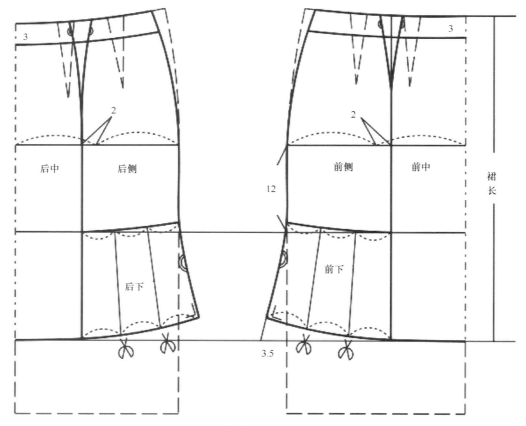

(a)第一步

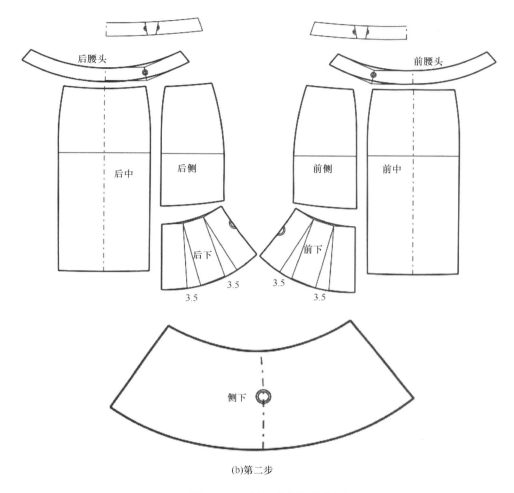

图2-1-21 波浪分割裙结构图

2. 波浪分割裙结构设计要点

（1）将省道并入分割线中，注意衔接处的弧线顺畅。

（2）下摆增量，根据效果图由部分省道合并及侧缝处适当放量得到，并考虑步行、上台阶等所需的下摆活动量，同时注意单个省道量不要过大，一般以不超过3cm为宜。

（3）考虑到造型美观性，中间那片应适当大一些。

（4）裙摆放量越大，起翘越高，应使侧缝线与底边线相互垂直。

（5）腰线注意作出弧度，使缝合后的腰缝圆顺。

任务拓展训练

根据所给的款式图（图2-1-22），列出其成品尺寸，再作出其1∶1结构图。

成品尺寸

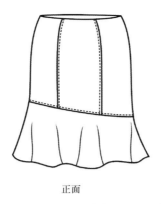 

正面　　　　　　　　　　　　背面

图2-1-22　波浪分割裙款式图

任务五　育克分割褶裙结构设计与制作工艺

子任务一　育克分割褶裙结构设计

任务目标

1. 能说出育克分割褶裙的款式特征。
2. 能说出育克分割褶裙的主要结构变化要领。
3. 能根据款式图确定育克褶裙的作图尺寸。
4. 能准确确定育克分割线、前后三只褶的位置。
5. 能用裙原型绘制一份育克分割褶裙结构设计图。

任务描述

该任务主要是掌握育克分割褶裙结构设计的过程：人体测量→成品规格的确定→作育克褶裙结构图，理解育克分割线的位置确定及结构变化原理，掌握前后三只褶的位置确定和结构变化方法。

知识准备

育克分割褶裙是由育克裙和褶裙两种裙型组合而成。育克的目的是为了保证符合人体的体型，育克分割的位置一般落在腰部到臀部2/3处的肚凸点上，是将腰省量合并后转移到分割上形成的新省；分割线造型可以自由设计，对称弧线、不对称弧线、单折角线、双折角线等；分割线余下的裙身利用竖向分割线作褶裥设计，褶的形式多种多样：规律顺风褶、规律工字褶等。如图2-1-23所示。

图2-1-23 育克分割褶裙

任务要求

1. 准备好制图工具。

2. 准备裙原型一份，利用裙原型进行结构设计。

3. 认真分析款式图，包括款式分析、结构分析、工艺分析、成品尺寸分析。

4. 服装制板实训室、号型160/84A女子人台。

任务实施

一、款式特征分析（图2-1-24）

图2-1-24 育克分割褶裙款式

（1）裙长设计：裙长在膝盖以上10~15cm为宜。

（2）育克分割线设计：育克分割线在腰线下 8~9cm，在分割线上各缉压 0.5cm 宽的明线。

（3）裙褶设计：育克分割线下设计三个工字褶，每个褶量展开8~10cm。

（4）开口设计：右侧缝装隐形拉链。

（5）腰头设计：采用中腰位无腰头。

（6）适合面料：化学纤维、混纺类容易定型且保型好的中厚型面料。

二、确定作图尺寸（表2-1-8）

表 2-1-8　作图尺寸　　　　　　　　　　　　　　　　　　　　　　　　　　　单位：cm

号型	部位名称	裙长（L）	腰围（W）	臀围（H）
160/66A	成品尺寸	43	66	92

三、绘制结构图

结构图的绘制如图2-1-25所示，分三步。

1.制图步骤

前后片制图步骤一致。

（1）取出裙原型，用长虚线画出裙原型轮廓线，标明省道线、臀围线及两只省道线。

（2）确定裙身长尺寸。

（3）将裙原型的两只省道转换成一只省道，具体方法参照直筒裙省道变化方法。

（4）腰线往下8~9cm做育克分割线，同时利用该位置分割线处理腰省，合并省道画顺。

（5）画顺育克分割线到臀围处的侧缝线并延长至下摆，作出A型裙摆。

（6）打开对折的前后片纸样，按图分配工字褶褶量位置，前后片分别展开8~10cm的褶量。

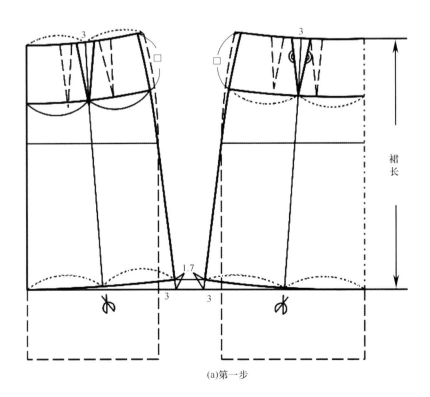

(a)第一步

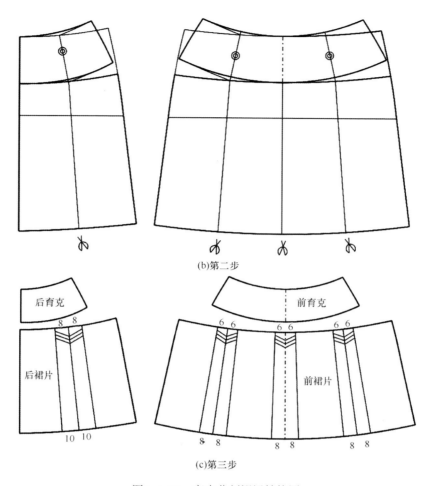

图2-1-25 育克分割褶裙结构图

2.育克分割褶裙结构设计要点

（1）确定育克线的位置，育克线的位置不能太上或太下，根据款式图可以将育克线画在省尖连线位置上。

（2）做裙摆A型效果，注意侧缝弧线的顺畅。

（3）合并腰省后腰线、育克分割线，要求重新画顺。

（4）从工字褶位置处剪开，外延8cm作为褶量。

任务拓展训练

根据所给的款式图片（图2-1-26），列出其成品尺寸，再作出其1：1结构图。

图2-1-26 育克分割褶裙款式图

子任务二 育克分割褶裙制作工艺

任务目标

1. 能按工艺单各项工艺要求做好育克分割褶裙制作的准备工作。

2. 能识别不同面料中纱的方向，正确排料，完成育克分割褶裙面料的裁剪。

3. 能按正确的工艺流程和方法完成育克分割褶的制作。

4. 能正确对褶裙进行全面熨烫定型。

5. 能对所制作的育克褶裙做全面的质量检验。

任务描述

该任务主要是学会按照工艺单的各项要求完成整件育克分割褶裙的工艺制作，掌握育克分割褶裙的制作工艺要点和工艺流程，对所制作的裙子做质量检验。

任务要求

1. 每人准备好裁剪工具、缝纫工具和熨烫设备。

2. 每人准备好制作育克褶裙的面辅料。

3. 对面料进行预缩。

4. 认真阅读工艺单要求。

任务实施

一、阅读工艺单

育克分割褶裙制作工艺单见表2-1-9。

表 2-1-9 育克分割褶裙制作工艺单

客户：		款号：	款式：	制作日期：	
单位：cm		 装隐形拉链 0.5 1.5 正面 收工字褶 背面			
部位尺寸	M				
裙长	50				
腰围	66				
臀围	92				
拉链	22				

面辅料清单				
面辅料	规格要求	使用部位	单件耗料	准备
面料	幅宽145cm	前片、后片、腰头贴边	裙长 +10cm	自行准备
粘衬	纸粘衬，幅宽 90cm	腰头贴边	0.5m	
拉链	隐形拉链，22cm 长	右侧缝	1 条	
塔线	配色缝纫线 604、锁边线 402			

工艺操作流程
后中装拉链处粘衬→裁片锁边→收前、后工字褶→烫工字褶→缉压工字褶明线→拼合育克→育克缝双锁边→缉压育克缝明线→装腰头贴边→熨烫腰头贴边→缝合右侧→后侧装隐形拉链→缝合左侧→固定腰头贴边缝份→裙摆挑三角针→全面整烫

重点工艺说明
1. 明线针距13针/3cm，手针线针距为4针/3cm 2. 裙子各裁片的经纬纱向正确 3. 工字褶熨烫造型顺直、平整、定形效果良好 4. 缉隐形拉链长短一致，不能外露、豁开；拉链下端封口平服 5. 裙腰头边沿一周的止口不反吐，左右两端高低一致 6. 车缝暗线迹、锁边线迹良好 7. 裙摆折边宽窄一致，表面缉线线迹整齐匀称

二、裁片数量（表2-1-10）

表 2-1-10 裁片数量

名称	前育克	前裙片	前腰贴边	后育克	后裙片	后腰贴边
面料数量	1 片	2 片	1 片	2 片	2 片	2 片
粘衬数量			1 片			2 片

三、放缝、文字纱向标注、排料、幅宽（图2-1-27）

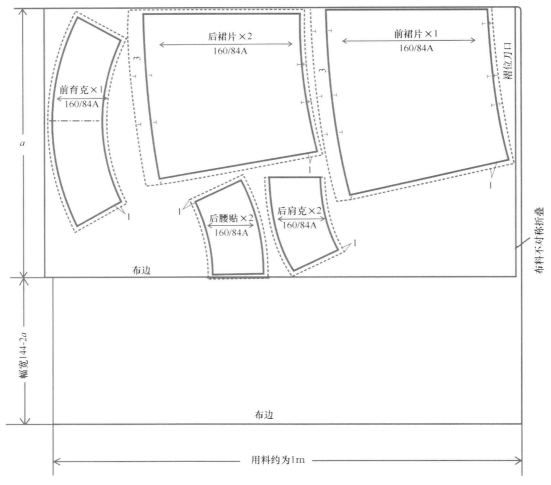

图2-1-27　育克分割褶裙排料图

四、整件制作工艺操作

制作工艺操作详见本教材配套光盘。

五、工艺质量检验标准

工艺质量检验标准见表2-1-11。

表 2-1-11 工艺质量检验标准表

序号	评价内容	工艺标准	分值	评分
1	外观造型	成品外观与款式相符，产品整洁，各部位熨烫平服，无线头，无污渍，无极光，无死痕，无烫黄，无变色	20	
2	经纬纱向	各部位丝缕正确、顺直平整	10	
3	针距要求	14针/3cm	5	
4	成品尺寸公差要求	裙长：±1cm 腰围：±2cm 臀围：±2cm	10	
5	重要部位质量要求	收褶：工字褶造型顺直、平整，熨烫定型效果良好	10	
		腰头：腰头左右方角端正顺直，左右高低一致	15	
		隐形拉链：长短一致，拉链不能外露，拉链下端封口平服	10	
		底摆：卷边宽窄一致，平整不起扭	10	
6	制作时间	在规定时间（4h）内完成	10	

任务拓展训练

根据提供的图片款式（图2-1-28），完成一款简易松紧带抽褶裙的制板与制作。

成品尺寸	单位：cm
裙长	
腰围	
准备材料	主面料
	蕾丝面料
	花边
	3cm 宽松紧带
完成时间	3h

(a)款式一　　　　　　　　　　(b)款式二

图2-1-28 松紧带抽褶裙款式图

项目二 裤子结构设计与制作工艺

任务一 女裤原型绘制

任务目标

1. 能说出女裤原型的功能和作用。
2. 能说出女裤原型的各部位名称。
3. 能说出女裤原型的规格尺寸。
4. 能绘制女裤原型结构图。
5. 能给自己作一份裙原型。

任务描述

该任务主要是对女裤原型有一个初步认识，掌握女裤原型规格尺寸的确定方法，并绘制出一份完整的女裤原型前后片结构图，理解女裤原型的结构设计要点和设计原理。

知识准备

一、按女裤的长度分类（图2-2-1）

（1）超短裤：裤长至大腿根部。

（2）短裤：裤长至大腿中部偏上。

（3）中短裤：裤长至大腿中部。

（4）及膝短裤：五分中裤，裤长至膝盖位。

（5）七分裤：又称作骑车裤、小腿裤，裤长至小腿肚以上。

（6）八分裤：裤长至小腿肚以下。

（7）九分裤：裤长至脚踝或脚踝以上。

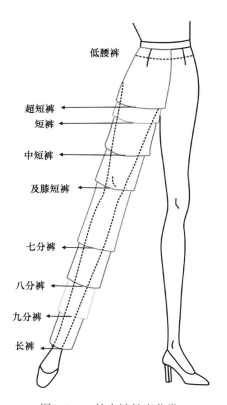

图2-2-1 按女裤长度分类

（8）长裤：通常配有跟的鞋，裤长至鞋跟的中上部或至地面以上2cm。

二、按女裤的廓形分类

（1）长方形裤［图2-2-2（a）］：筒形裤的臀部比较合体，裤筒呈直筒形，如直筒裤。

（2）锥形裤［图2-2-2（b）］：锥形裤在造型上强调臀部，缩小裤口宽度，形成上宽下窄的倒梯形，如哈伦裤。

（3）梯形裤［图2-2-2（c）］：在造型上收紧臀部，加大裤口宽度，形成上窄下宽的梯形，如喇叭裤。

（4）菱形裤［图2-2-2（d）］：在造型上强调大腿胯部，缩小裤口宽度，形成上窄中宽下窄的菱形，如马裤。

三、按女裤腰位高低分类

可分为自然腰裤、无腰裤、连腰裤、低腰裤、高腰裤等。

（1）自然腰裤［图2-2-3（a）］：腰线位于人体腰部最细处，腰宽3~4cm，是最常见的裤款。

（2）无腰裤［图2-2-3（b）］：正常腰位，装腰贴或腰位包条缝而不装腰带。

（3）连腰裤［图2-2-3（c）］：腰带部分与裤身片相连裁制的裤款，有腰贴。

（4）低腰裤［图2-2-3（d）］：腰位落在正常腰位以下3~5cm处。露肚脐，腰头呈弧线。

（5）高腰裤［图2-2-3（e）］：结构类似于连腰裤，只是腰位抬高至胸下部位。

(a)长方形裤　　　　　　　　(b)锥形裤

图2-2-2

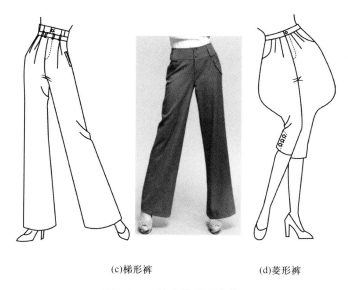

(c)梯形裤　　　　　　　　(d)菱形裤

图2-2-2　按女裤廓形分类

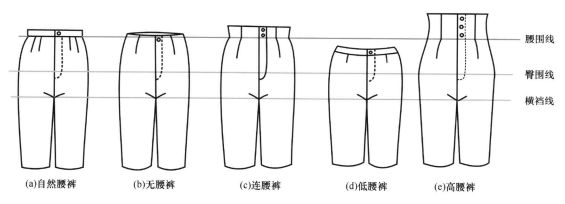

(a)自然腰裤　　　(b)无腰裤　　　(c)连腰裤　　　(d)低腰裤　　　(e)高腰裤

图2-2-3　按女裤腰位高低分类

腰围线

臀围线

横裆线

任务要求

1.学生准备好制图工具：全开绘图纸、HB铅笔、2B铅笔、长尺、三角板、软尺等。

2.教师准备合体女裤一条。

3.学生认真观察人台上的合体女裤，识别裤子各部位线条的名称。

任务实施

一、认识裤原型的各部位名称（图2-2-4）

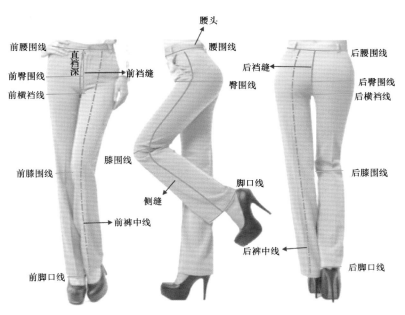

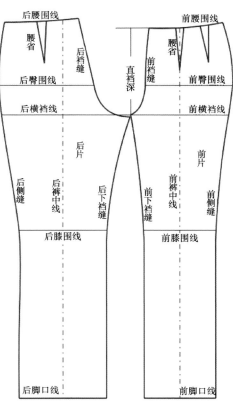

图2-2-4 裤原型的各部位名称

二、款式特征分析（图2-2-5）

（1）裤长设计：着中跟鞋后裤长从腰节处量至脚面。

（2）裤型设计：臀围处合体，膝围至脚口处呈直筒形。

（3）腰省设计：前片各有两个省，后片一个省。

（4）门襟设计：门襟开口长约15cm。

（5）腰头与腰位设计：中腰位设计，直腰式装腰头。

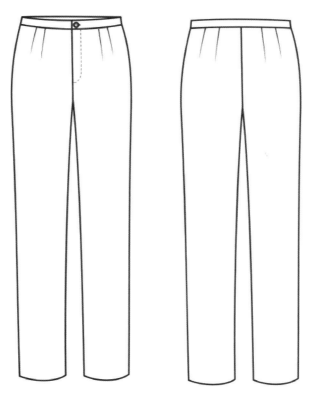

图2-2-5　裤子款式

三、确定作图尺寸（表2-2-1）

表 2-2-1　作图尺寸

单位：cm

号型 160/66A	部位名称	裤长（L）	腰围（W）	臀围（H）	直裆深	半脚口宽
	成品规格	95	66	94	24	20

四、绘制结构图

各结构图的绘制如图2-2-6所示。

1. 前片

（1）从腰围线至脚口线的长度来确定裤身长，裤身长=全裤长−腰头宽3cm。

（2）取直裆深，作直裆深线。

（3）取直裆深的1/3作臀围线。

（4）从腰围线至脚口线的1/2往上3cm作膝围线。

（5）在臀围线上取臀围的$H/4-1$cm，作臀围宽线。

（6）臀围宽线内进1cm，在腰围线上取腰围的$W/4-1$cm，其余分成三等份，侧腰点落在第二等分点上，剩余的两等份作两个腰省量。

（7）取小裆宽$0.04H$，作前裆弧线。

（8）前中腰口低落0.5cm，外侧起翘1cm，作腰口弧线。

（9）侧缝在直裆线内进1cm处。

（10）取前裤脚口宽为脚口/2−2cm，前膝围宽与前脚口宽相等。

（11）用粗线将前片各点连成轮廓线。

（12）作腰省2个，作省凸角；靠近侧缝的省长10cm，中间的省长11cm。

（13）将各点连接成前片轮廓线。

2. 后片

（1）将前片各条基础线向左延伸，后直裆线下降0.8cm。

（2）在臀围线上取臀围的$H/4+1$cm，作臀围宽线。

（3）在腰围线上取后裆缝斜量3.5cm，后翘2cm，连接后裆斜线。

（4）取大裆宽$0.1H$，作后裆弧线。

（5）在腰围线上取腰围的$W/4+1$cm，其余分成两等份，侧腰点落在第二等份点上，取1/2等份作为腰省量，作两个腰省，作省凸角；靠近侧缝的省长10cm，靠裤中的省长11cm。

（6）将各点连接成后片轮廓线。

五、女裤原型结构设计要点分析

（1）裤子膝围线从腰围线至脚口线的1/2往上3cm。

（2）裤子前、后腰口侧缝起翘1cm是为了缝合后连接得圆顺。

（3）裤子后腰省需要外加作省凸角。

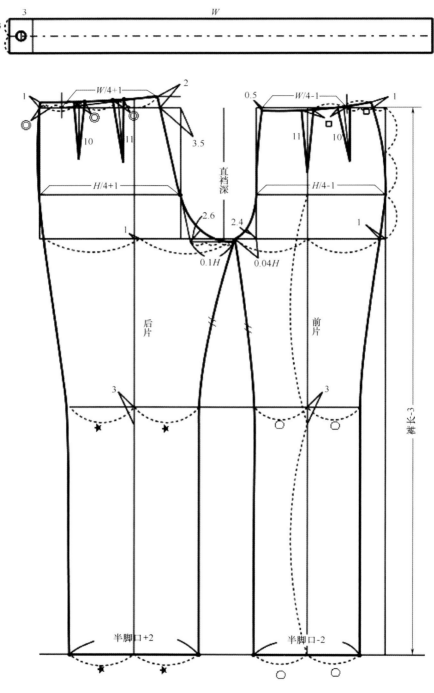

图2-2-6　女裤原型结构图

任务拓展训练

用1：1的比例给自己作一个裤原型结构图。

任务二 牛仔裤结构设计与制作工艺

子任务一 牛仔裤结构设计

任务目标

1. 认识牛仔裤的分类和款式特点。

2. 能测量人体尺寸，确定牛仔裤成品规格。

3. 能用裤原型绘制1∶5和1∶1牛仔裤结构设计图。

4. 结构设计图标注的纱向、符号、文字符合作图规范。

5. 能给自己绘制一份1∶1比例的牛仔裤纸样。

任务描述

该任务主要是掌握整个牛仔裤结构设计的过程：人体测量→成品规格的确定→用裤原型作牛仔裤结构图，并理解牛仔裤腰省道分配的原理。

知识准备

牛仔裤最早是指用一种靛蓝色粗斜纹布裁制的直裆长裤，裤腿窄，缩水后穿着紧包臀部。因其最早出现在美国西部，曾受到当地的矿工和牛仔们的欢迎，由此得名牛仔裤（Jeans）。LEVI'S是世界第一条牛仔裤的发明人，现在Levi's是世界著名的牛仔裤标志，它代表的是西部的拓荒力量和精神。牛仔裤排名前列的品牌是：李维斯（Levi's）、Lee、Wrangler、卡尔文·克莱恩（CK）、苹果、Texwood、迪赛（Diesel）、ONLY。

牛仔裤的前身裤片无裥，后身裤片无省，门里襟装拉链，前身裤片左右各设有一只斜袋，后片有尖形贴腰的两个贴袋，袋口接缝处钉金属铆钉并压明线装饰，具有耐磨、耐脏、穿着贴身、舒适等特点。一般采用劳动布、牛筋劳动布等靛蓝色水磨面料，也有用仿麂皮、灯芯绒、平绒等其他面料制成的，面料耐磨、柔软，工艺独特。牛仔裤属水洗产品，采用石磨、砂洗、漂洗、素酵洗、破坏洗、退色、雪花洗、猫须洗等水洗工艺，坚固耐穿，时尚而舒适，受到年轻人的喜爱和推崇。牛仔裤按廓形分有紧身窄脚裤、喇叭裤、锥形裤、高腰裤、阔腿裤；按长短分有九分裤、七分裤、五分裤等，如图2-2-7所示。

任务要求

1. 准备好制图工具。

2. 准备裤原型一份，利用裤原型进行结构设计。

3. 准备牛仔裤样裤一条。

4.认真分析款式图，包括款式分析、成品尺寸分析、结构分析、工艺分析。

| 窄脚低腰牛仔裤 | 喇叭牛仔裤 | 高腰牛仔裤 | 七分牛仔裤 |

图2-2-7　牛仔裤分类

任务实施

一、款式特征分析（图2-2-8）

图2-2-8　牛仔裤款式

（1）裤长设计：着高跟鞋后裤长至脚面。

（2）裤型设计：低腰紧身，裤脚收窄。

（3）腰头与腰位设计：低腰位、直腰头或者弯腰头设计，腰头净宽3.5cm。

（4）育克设计：设在腰臀部位的分割线，具有装饰性和造型性。

（5）门襟设计：前门襟中装铜拉链，左裤头锁凤眼1个，右裤头钉工字纽。

（6）口袋设计：前片装月亮插袋，后装方角贴袋。

（7）双明线设计：侧缝、后贴袋、月亮袋、育克、门襟、前后裆缝、脚口面缉装饰性双明线。

（8）适合面料：牛仔布、棉卡、灯芯绒等面料。

二、确定作图尺寸（表2-2-2）

表 2-2-2　作图尺寸　　　　　　　　　　　　　　　　　　　　　　　　单位：cm

号型 160/66A	部位名称	裤长（L）	腰围（W）	臀围（H）	直裆深	半脚口宽
	成品规格	100	74（低腰位量）	94	20	20

三、绘制结构图

各结构图的绘制如图2-2-9所示。

1. 前片

（1）取裤子原型，用长虚线画出裤原型轮廓线，标明前、后片两只省道线、臀围线、膝围线、直裆线及两只省道线。

（2）确定裤身长，裤身长＝全裤长–腰头宽3.5cm。

（3）将前裤腰位砍低2.5cm，取腰头宽3.5cm。

（4）将前裤中线向侧偏移1cm，取前裤脚口宽为脚口/2–1.5cm，前膝围宽为前脚口宽/2+1cm。

（5）将前腰两个省保留一个2cm的省，在前裆缝处砍缝1cm，其余的在前侧缝砍掉。

（6）前臀围在前裆缝处砍掉0.5cm，侧缝处砍掉0.5cm，前小裆宽处砍掉1cm。

（7）合并前腰省，裤身侧腰砍掉省尾余量，检查其长度是否与前腰头等长。

（8）作前月亮插袋，高7cm×宽10cm。

（9）用粗线将前片各点连成轮廓线。

2. 后片

（1）将后裤中线向侧偏移1cm，取后裤脚口宽为脚口/2+1.5cm，后膝围宽为后脚口宽/2+1cm。

（2）将后腰两个省道合并，两省尖点处引一条线至后裆缝，省道转移至此处，画顺后裆缝线。

（3）将后裤腰位砍低2.5cm，取腰头宽3.5cm，取后育克宽。

（4）后大裆宽处砍掉2cm。

（5）用粗线将后片各点连接成轮廓线。

3. 零部件

零部件结构制图如图2-2-10所示。

（1）距离育克分割线2cm作后贴袋（宽13cm×高14.5cm）。

（2）腰头：将前后腰头侧缝合并，对称画出另一半，在左腰头外加3cm的里襟搭位量。

（3）门襟：宽3cm×高12.5cm；里襟：宽3cm×高13.5cm。

（4）前插袋袋垫、上下层插袋袋布见图2-2-10。

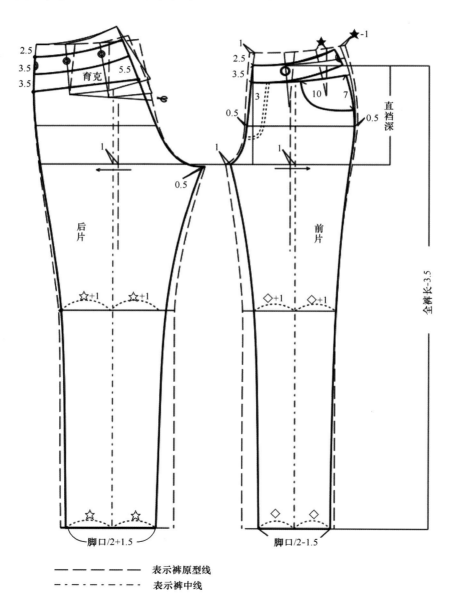

图2-2-9　牛仔裤前、后片结构图

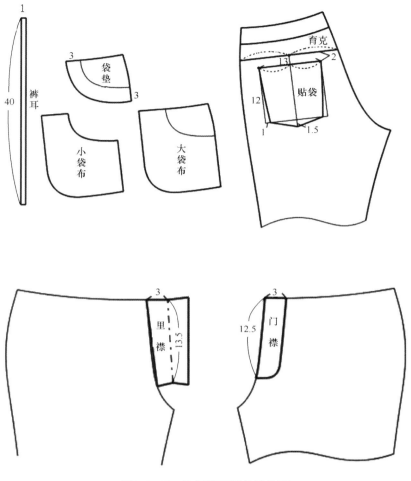

图2-2-10 牛仔裤零部件结构图

（5）裤耳宽1cm×长12cm。

零部件作图尺寸见表2-2-3。

表2-2-3 作图尺寸 单位：cm

腰头宽	前插袋宽/高	后袋宽/高	门襟宽	裤袢长/宽
3.5	10/7	13/13.5	3	7.5/1

四、牛仔裤结构设计要点分析

牛仔裤是裤装中的基本裤款，其结构保留裤原型的基本框架，即臀围线以上是合体的，而臀围线以下则呈直身状；把裤原型腰部双省道设计为单省道，重新分配省量大小；为了让收好省后腰线圆顺，需要将省中外加省凸量。

五、牛仔裤面布裁片分解图（图2-2-11）

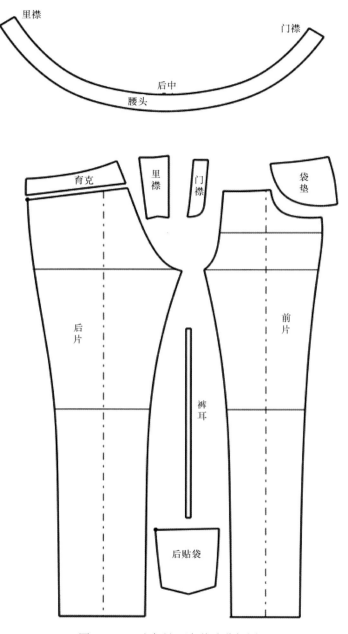

图2-2-11　牛仔裤面布裁片分解图

任务拓展训练

　　根据所给的款式图片（图2-2-12），列出其成品尺寸，用裤原型完成一款低腰喇叭形牛仔裤结构图，再作出其1：1结构图。

成品尺寸

图2-2-12 牛仔裤款式图

子任务二 牛仔裤制作工艺

任务目标

1. 正确完成后贴袋、门襟拉链、月亮袋三个零部件的制作。
2. 能根据牛仔裤面料厚薄调试缝纫设备和准备缝纫工具、辅料。
3. 能识别不同面料中纱的方向，正确排料，完成牛仔裤面料的裁剪。
4. 能按正确的工艺流程和方法完成牛仔裤的制作。
5. 能对所制作的牛仔裤做全面质量检验。

任务描述

该任务主要是学会按照工艺单的各项要求完成整件牛仔裤的工艺制作，掌握牛仔裤的制作工艺要点和工艺流程，对所制作的裤子做质量检验。

任务要求

1. 每人准备好裁剪工具、缝纫工具和熨烫设备。
2. 每人准备好制作牛仔裤的面辅料。
3. 对面料进行预缩。
4. 认真阅读工艺单要求。

知识准备

拉链（图2-2-13）的分类有如下四种分类方法。

一、按材料分类

（1）尼龙拉链：隐形拉链、穿心拉链、不穿心拉链、编织拉链等。

（2）树脂拉链：金（银）牙拉链、透明拉链、激光拉链、钻石拉链。

（3）金属拉链：铝牙拉链、铜牙拉链。

二、按品种分类

可分为闭尾拉链、开尾拉链（左右插）、双闭尾拉链（X或O）、双开尾拉链（左右插）。

三、按规格分类

分为0#、2#、3#、4#、5#、7#、8#、9#、20#……30#，型号的大小与拉链牙齿的大小成正比，品牌牛仔裤门襟一般使用YKK、AKK牌子的3#、4#金属拉链。

四、按结构分类

可分为闭口拉链、开口拉链及双开拉链。

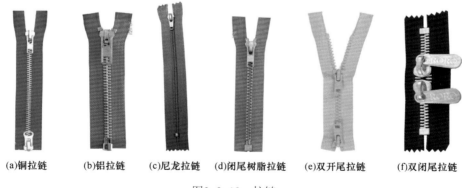

(a)铜拉链　　(b)铝拉链　　(c)尼龙拉链　　(d)闭尾树脂拉链　　(e)双开尾拉链　　(f)双闭尾拉链

图2-2-13　拉链

任务实施

一、阅读工艺单

牛仔裤制作工艺单见表2-2-4。

表2-2-4　牛仔裤制作工艺单

客户：	款号：	款式：低腰紧身窄脚牛仔裤	制作日期：

牛仔裤系列规格表　单位：cm

	155/80A S	160/84A M	165/88A L	170/92A XL
裤长		100		
低腰腰围		74		
臀围		94		
半脚口宽		20		
腰宽		3.5		
后袋宽		13		

面辅料清单

面辅料	规格要求	单件耗料	面辅料	单件耗料
面料	幅宽145cm	1.2m	撞钉	4粒
粘衬	纸粘衬，幅宽90cm	0.5m	口袋布	0.5cm
金属拉链	14~15cm长	1条		
工字铜纽	2粒			
缝纫线	牛仔线、锁边线402			1个

工艺操作流程

点划袋位标记→做后贴袋（描图案、绱袋口线、绱袋口双明线、烫贴袋）→装贴袋→拼后育克→绱育克双锁绲双明线→缝合后育克→绱后片缝绲双锁绲双明线→做月亮袋（做袋口、绱袋口双明线、固定袋口，固定袋布，装下层袋布）→装拉链（装门襟、压门襟双明线，装里襟樟衬布及单绱锁边（装门襟、绱门襟双明线）→缝合前窄裆，绱后前窄裆双明线）→0.1cm明线→合侧缝→做中裆→绱裤襻→裤襻定位→做腰头→装腰头（装腰头、绱腰头、绱压腰头明线、绱压腰头明线）→卷绲脚口→锁扣→锁眼→全面整烫

裁剪及制作工艺说明

1. 丝绺正确，不遗漏对位刀口和定位钻孔；排料合理，面料反面划样。
2. 双明线针距11~12针/3cm；暗线针距13~14针/3cm
3. 线迹：双明线线迹良好，宽窄均匀
4. 前月亮插袋袋口不吐里，袋布不外露；后贴袋袋口大小一致、高低一致，左右对称
5. 门襟拉链：拉链不外露，拉动顺滑，正反面平整，明线造型美观
6. 弯腰头：绱腰头顺圆顺平整，绱线平顺平整，左右高低一致，样甲造型美观，左右高低一致，样甲正方不歪斜，长短一致

0.1+0.6
双明线

1.5

3.5

7

0.1

0.1+0.6
双明线

7

3

17

1

0.1

0.1

0.1+0.6
双明线

3

0.1

0.1+0.6
双明线

2

二、 裁片数量（表2-2-5）

表 2-2-5　裁片数量

名称	前裤片	后裤片	后育克	腰头	袋垫	后贴袋	门襟	里襟
面料数量	2 片	2 片	1 片	1 片	2 片	2 片	1 片	1 片
粘衬数量				1 片			1 片	1 片

三、牛仔裤排料放缝、文字纱向标注、排料、幅宽（图2-2-14）

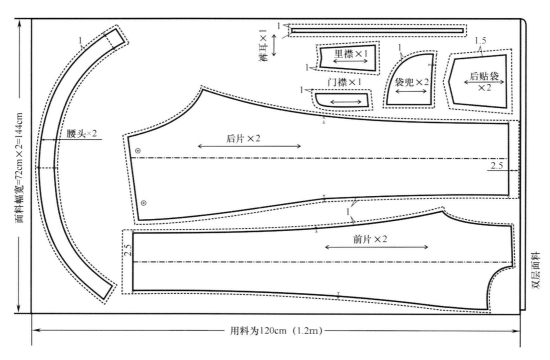

图2-2-14　牛仔裤排料图

四、材料准备（图2-2-15）

图2-2-15　材料准备

1—牛仔布1~1.2 m　2—袋布30cm　3—牛仔线1个　4—袋布线1个　5—金属拉链1条　6—铜扣1副

五、制作工艺操作

制作工艺操作详见本教材配套光盘。

六、工艺质量检验标准

工艺质量检验标准见表2-2-6。

表 2-2-6　工艺质量检验标准

序号	评价内容	检验标准	分值	得分
1	外观造型	缉线顺直，无跳线，无接线现象，各部位熨烫平整	10分	
2	经纬纱向	各部位丝缕正确，顺直平整	5分	
3	针距要求	暗线14针/3cm，明线12针/3cm	5分	
4	成品尺寸公差要求	规格尺寸符合标准与要求，公差不超过±1cm	10分	
5	重要部位质量要求	后贴袋大小一致，高低一致，左右对称	15分	
		前月亮插袋松紧适宜，大小左右一致	15分	
		侧缝顺直，两腿长短一致	10分	
		腰头左右对称，宽窄一致，腰头面、里平服，止口不反吐	10分	
		门襟、里襟长短一致，拉链平顺	10分	
6	制作时间	在规定时间（6h）内完成	10分	

知识链接

服装厂生产牛仔裤常用的特种缝纫设备

1. 埋夹机［图2-2-16（a）］

专门生产牛仔裤的一种特种缝纫设备叫"埋夹机"。所谓埋夹就是指双包缝，在缝合两块裁片时，把缝份全部包车进去，从正面反面都看不到缝份，所以，这种合缝工艺也就是在基础工艺里学过的"外包缝"。埋夹分双线埋夹和三线埋夹，埋夹的部位一般有前后裆缝、育克等。工厂里用埋夹机来完成相关工序。

2. 双针机［2-2-16（b）］

在许多服装厂里，还有一种常见的特种缝纫设备称作"双针机"。双针机是专门用来缉压双明线的，不仅能保证产品的缝制质量，还能大大提高生产效率。

(a)埋夹机　　　　　　　　(b)双针机

图2-2-16

任务拓展训练

巧手翻新，旧衣改造：将身边不穿的或废弃的旧牛仔裤改造成一个崭新的包袋或者壁挂袋（图2-2-17）。

图2-2-17

任务三　锥形裤结构设计

任务目标

1. 能掌握锥形裤人体尺寸的测量方法。
2. 能掌握锥形裤的控制方法。
3. 能正确确定锥形裤三节塔线的分割比例。
4. 能掌握锥形裤抽褶量的设计要领。

任务描述

该任务主要是掌握整条锥形裤结构设计的过程：人体测量→成品规格的确定→作锥形裤结构图，重点掌握锥形裤腰围的控制、塔裤三节塔线的分割比例、抽褶量控制的方法。

知识准备

锥形裤一般称作小脚裤，外轮廓形似锥子。腰部收若干垂直褶或弧形褶，臀部较为宽松，从腰部到裤脚尺寸逐渐缩小，裤脚尺寸一般与鞋口尺寸差不多，是裤管越往下越趋收紧的裤型。哈伦裤是锥形裤的一种典型代表，名称来源于伊斯兰词汇"哈伦"，哈伦裤的特点是裤裆宽松且比较低，为了整体线条和谐，裤管比较窄，腰部系绳。如图2-2-18所示。

图2-2-18　哈伦裤

任务要求

1. 学生准备好制图工具。

2. 准备裤原型一份,利用裤原型进行结构设计。

3. 认真分析款式图,包括款式分析、成品尺寸分析、结构分析、工艺分析。

任务实施

一、分析款式特征(图2-2-19)

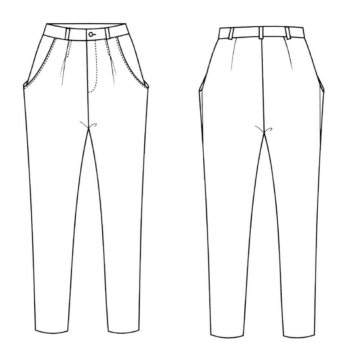

图2-2-19 锥形裤款式

(1)裤长设计:着高跟鞋后裤长至脚踝骨处。

(2)裤型设计:锥形廓形,臀围略宽松,裤脚收窄。

(3)腰头与腰位设计:中腰位,直腰头设计,前腰收褶,后腰收省。

(4)插袋设计:插袋在臀部设计松余量,具有装饰性和造型性。

(5)适合面料:悬垂感较好的涤纶微弹面料。

二、确定作图尺寸(表2-2-7)

表 2-2-7 作图尺寸   单位:cm

号型	部位名称	裤长(L)	腰围(W)	臀围(H)	直档深	半脚口宽
160/66A	成品规格	90	68	104	24	16

三、绘制结构图

各结构图的绘制如图2-2-20和图2-2-21所示。

1. 前片

（1）取裤子原型，用长虚线画出裤原型轮廓线、标明前、后片两只省道线、臀围线、直裆线及两只省道线。

（2）确定裤身长，裤身长=全裤长-腰头宽3cm。

（3）从臀围线至脚口线分中后重新确定膝围线。

（4）取前裤脚口宽为脚口/2-2cm，前膝围宽为前脚口宽/2+2cm。

（5）将前腰两个省合并成一个4cm活褶。

（6）作前弯插袋，宽7cm×高18cm。

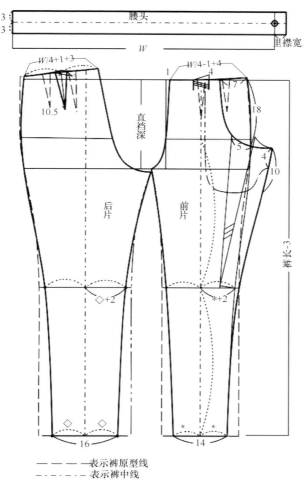

图2-2-20　锥形裤结构图

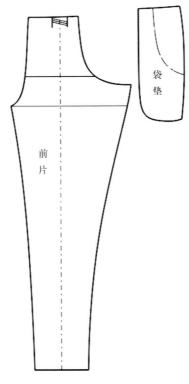

图2-2-21　裁片分解图

（7）从前弯插袋处引一条辅助线至前膝围宽的中点，剪开此线展开5cm褶量。

（8）连接各点，重新画顺侧缝轮廓线。

（9）用粗线将前片各点连接成轮廓线。

2. 后片

（1）取后裤脚口宽为脚口/2+2cm，后膝围宽为后脚口宽/2+2cm。

（2）将后腰两个省道合并成一个省，作腰口省凸量。

（3）用粗线将后片各点连接成轮廓线。

四、锥形裤设计要点分析

（1）锥形裤结构设计的难点是腰褶数量的设计，锥形裤的腰褶一般可以设计为2～4个，根据数量的多少再另外追加褶量，进行展褶设计。

（2）臀围处的宽松量设计通过插袋的余量涌出来体现，对插袋也要进行展褶加量设计。

（3）脚口尺寸是针对有一定弹力的面料来设计的，如果面料没有弹性，要将脚口尺寸适当增加，以满足穿着需要。

第三模块　上装应用模块

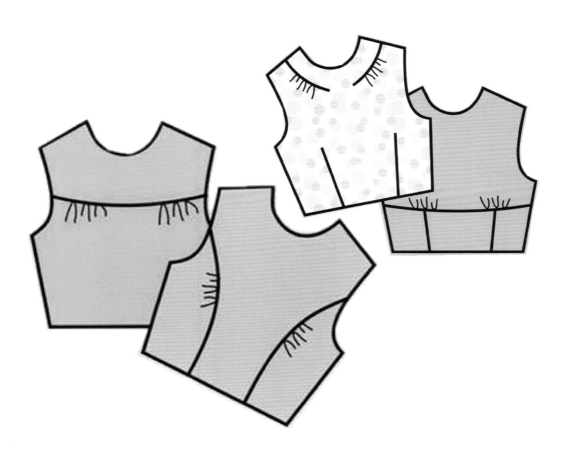

项目一　女上衣原型应用

任务一　女上衣原型绘制

任务目标

1. 能描述女上衣原型与人体的结构关系。
2. 能说出女上衣原型的各部位名称。
3. 能说出女上衣原型的规格尺寸。
4. 能绘制女上衣原型结构图。
5. 能给自己作一份上衣原型结构图。

任务描述

　　该任务主要是对日本文化式第七代上衣原型有一个初步了解和认识，掌握原型规格尺寸的确定方法，并绘制出一份完整的原型前后片结构图，理解原型的结构设计要点和设计原理。

知识准备

一、日本文化式原型的来历

　　服装原型的诞生应该说是早期立体裁剪的产物，最早出现于欧美，而不是很多人认为的日本。日本是东方最早研究服装原型的，我国与日本人的体型很相近，文化式服装原型在我国的传播和应用较为广泛，最初又称作洋服裁剪法。由于制图方法简单易学，结构原理浅显易懂，便于省道的转移和结构的变化，于是成为许多服装院校的结构教育课程，国内许多服装院校也派人前往日本文化服装学院进修学习。20世纪90年代，国内一些服装院校的老师结合我国人体特征，变化出了不同的中国式原型。

二、日本文化式原型的特点（图3-1-1）

　　（1）来源于立体裁剪，是服装最原始、最基本的结构。
　　（2）满足人体正常呼吸量和基本活动量。

（3）只是腰节以上半身结构。

（4）衣身较合体，适合款式的多变性，具有吻合性、高调动性和设计性，覆盖面积广。

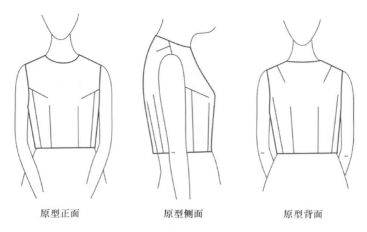

原型正面　　　　　原型侧面　　　　　原型背面

图3-1-1　日本文化式原型外观图

任务要求

1. 学生准备好制图工具，如全开绘图纸、HB铅笔、2B铅笔、长尺、三角板、软尺等。

2. 教师准备160/84A女人台1个，标识线1卷，白坯布1m。

3. 学生认真观察人台特征，用软尺测量人台的腰围、臀围尺寸。

4. 教师用白坯布在人台上立裁出女上衣原型。

任务实施

一、认识女上衣原型各部位名称（图3-1-2）

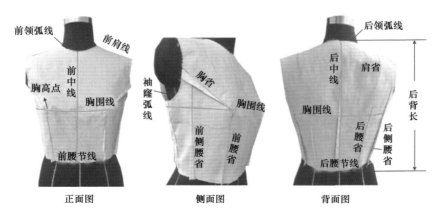

正面图　　　　　　侧面图　　　　　　背面图

图3-1-2

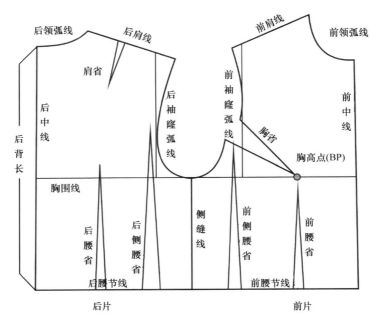

图3-1-2　女上衣原型各部位名称

二、确定作图尺寸（表3-1-1）

表 3-1-1　作图尺寸　　　　　　　　　　　　　　　　　　　　　　　　　　　　单位：cm

号型 160/84A	部位名称	后背长（L）	胸围（B）	袖长（H）
	净体尺寸	37.5	84	60

三、绘制结构图

结构图的绘制如图3-1-3所示。

1. 作基础线

（1）以 a 点为后颈点向下取背长37.5cm作为后中心线。

（2）画 WL 水平线，并确定前后半身宽（前后中心之间的宽度）为 $B/2+6$cm。

（3）从 a 点向下取 $B/12+13.7$cm，确定胸围水平线BL，并在BL上取 $B/2+6$cm。

（4）垂直WL画前中心线。

（5）在BL上，由后中心向前中心方向取背宽线 $B/8+7.4$cm，确定 c 点。

（6）经 c 点向上画背宽垂直线。

（7）经 a 点画水平线与背宽线相交。

（8）由 a 点向下8cm处画一条水平线与背宽线相交于 d 点，将后中心线至 d 点的中点向背宽方向取1cm确定为 e 点，作为肩省尖点。

（9）过 c、d 两点的中点向下0.5cm处作水平线 g 线。

（10）在前中心线上，从BL线向上取 $B/5+8.3cm$，确定 b 点。

（11）通过 b 点画一条水平线。

（12）在 BL 线上由前中心线取胸宽为 $B/8+6.2cm$，并由胸宽的中点位置向后中心线方向取0.7cm处作为 BP 点。

（13）画垂直的胸宽线，形成矩形。

（14）在BL线上，沿胸宽线向后取 $B/32$作为f点，由f点向上作垂直线与g线相交得g点。

（15）从 cf 的中点向下作垂直的侧缝线。

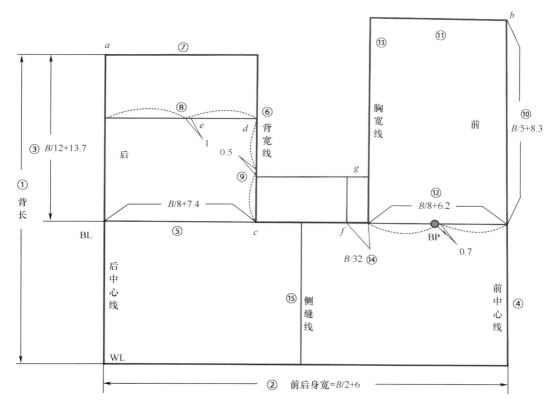

图3-1-3 女上衣原型制图

2. 绘制轮廓图（图3-1-4）

（1）绘制前领口弧线。前领口宽☆$=B/24+3.4cm$，前领口深=前领口宽+0.5cm，画领口矩形，依据对角线的参考点画圆顺前领口弧线。

（2）绘制前肩线。以颈侧点为基准点取22°为前肩倾斜角度，与胸宽线相交后延长1.8cm得到。

（3）绘制后领口弧线。取前领口宽+0.2cm，取其1/3作后领口深的垂直长度，画顺后领口弧线。

（4）绘制后肩线。以颈侧点为基准点取18°为后肩倾斜角度，在此斜线上取前肩宽+后肩省1.8cm作为后肩宽度。

（5）绘制后肩省。在背宽中点向右1cm处向上作垂直线与肩线相交，由交点位置向肩点方向取1.5cm作为省道的起始点，并取1.8cm作为后肩省道大小，连接省道线。

（6）绘制后袖窿弧线。由c点作45°斜线，在线上取◇+0.8cm作为袖窿参考点，依据背宽线作袖窿弧切线，通过肩点经过袖窿参考点画顺后袖窿弧线。

（7）绘制胸省。由f点作45°夹角斜线，在线上取◇+0.5cm作为袖窿参考点，经过袖窿深点、袖窿参考点和胸围点，画顺前袖窿弧线的下半部分；以g点和BP点连线为基准线，向上取（B/4-2.5cm）°夹角作为胸省量。

（8）通过胸省长的位置点与肩点画顺袖窿线上半部分，注意胸省合并时袖窿线要圆顺。

（9）绘制腰省。

A省：由BP点向下2~3cm处作省尖，向下作WL的垂线作为省道中心线，省量约为1.4cm。

B省：由f点向前1.5cm处向下作垂直线，与WL线相交，作为省道中心线，省量约为1.5cm。

C省：将侧缝线作省道中心线，省量约为1.1cm。

D省：参考g线的高度，由背宽线向后中心方向1cm处向下作垂线与WL线相交，作为省道中心线，省量约为3.5cm。

E省：由肩省尖点向后中心线方向1cm处向下作WL线的垂直线，作为省道中心线，省量约为1.8cm。

F省：将后中心线作为省道的中心线，省量约为0.7cm。

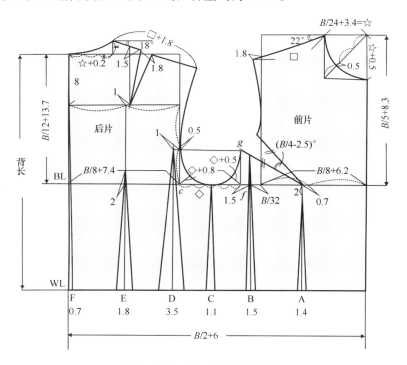

图3-1-4　女上衣原型轮廓图

四、袖原型各部位名称（图3-1-5）

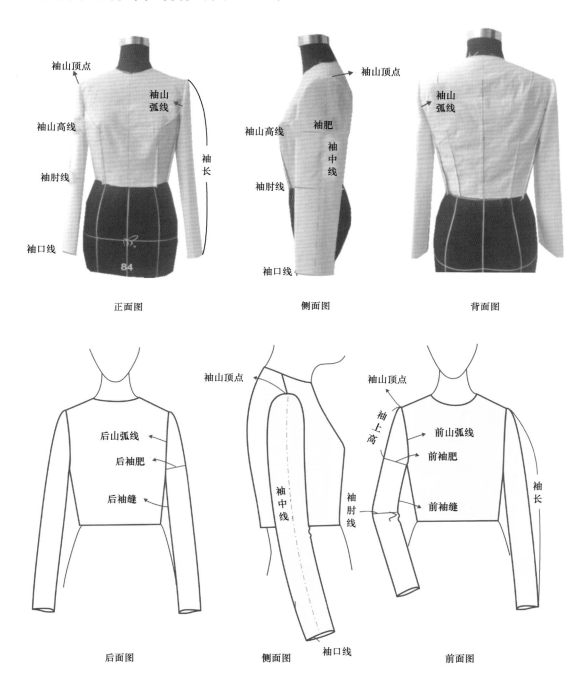

正面图　　　　　　　　　　侧面图　　　　　　　　　　背面图

后面图　　　　　　　　　　侧面图　　　　　　　　　　前面图

图3-1-5

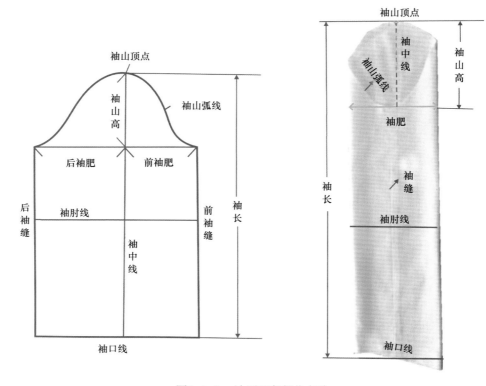

图3-1-5　袖原型各部位名称

五、袖子制图

将上半身原型袖窿省闭合，以此时前后肩点的高度为依据，在衣身原型的基础上绘制袖原型。

1.绘制袖窿基础框架图一（图3-1-6）

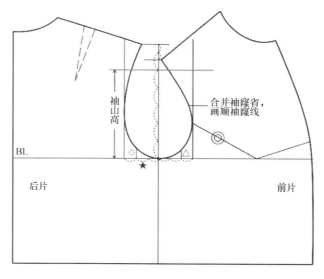

图3-1-6　袖窿基础框架图一

（1）拷贝衣身原型的前后袖窿，将前袖窿省闭合，画圆顺前后袖窿弧线。

（2）确定袖山高度。将侧缝线向上延长作为袖山线，并在该线上确定袖山高。

方法是：计算由前后肩点高度的1/2位置点到BL线之间的高度，取其5/6作为袖山高。

（3）确定袖肥。由袖山顶点开始，向前片的BL线取斜线长等于（前）*AH*，向后片的BL线取斜线长等于（后）*AH*+0.5cm，在核对袖长后画前后袖下线。

2. 绘制基础框架图二（图3-1-7）

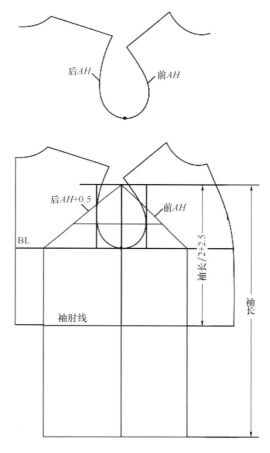

图3-1-7　袖窿基础框架图二

（1）将衣身袖窿弧线底段弧线拷贝至袖原型基础框架上，作为前、后袖山弧线的底部。

（2）绘制前袖山弧线。在前袖山弧线上沿袖山顶点向下取*AH*/4的长度，由该位置点作袖山的垂直线，并取1.8~1.9cm的长度，沿袖山斜线与垂线的交点向下1cm作为袖窿弧线的转折点，经过袖山顶点和两个新的定位点及袖山底部画顺前袖窿弧线。

（3）绘制后袖山弧线。在后袖山斜线上沿袖山顶点向下量取前*AH*/4的长度，由该位置作后袖山斜线的垂直线，并取1.9~2cm，沿袖山斜线和垂线的交点向下1cm作为后袖窿弧线的转折点，经过袖山顶点、两个新的定位点及袖山底部画顺后袖窿线。

（4）确定对位点（图3-1-8）。

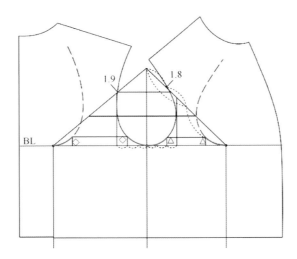

图3-1-8　确定对位点

①前对位点。在衣身上测量侧缝至△点的前袖窿弧线长，并由袖山底部向上量取相同的长度确定前对位点。

②后对位点。将袖山底部画有◇作为对位点。

3.袖原型完成图（图3-1-9）

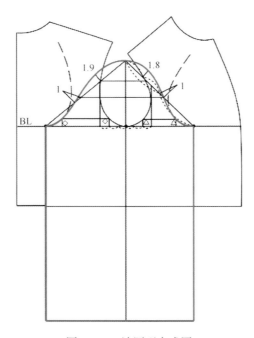

图3-1-9　袖原型完成图

任务拓展训练

采用1：1作图比例按自己的尺寸绘制一个上衣原型和袖原型。

任务二　常见三种胸省的转移设计

任务目标

1. 能说出女上衣原型常见的五种省道的名称。
2. 能理解女上衣原型施省的原理。
3. 学会用剪切法实施转省。
4. 能对女上衣原型三种常见胸省进行转移。

任务描述

该任务主要是通过认识女上衣原型常见的五种省道，理解女上衣原型施省的原理，然后运用剪切法作出女上衣三种常见胸省转移。

知识准备

一、胸省的概念

所谓"胸省"，就是用平面的布包覆人体胸部曲面时，根据曲面曲率的大小而折叠缝合进去的多余部分。女装胸省依人体部位可分为袖窿省、腰省、肩省等，如图3-1-10所示。

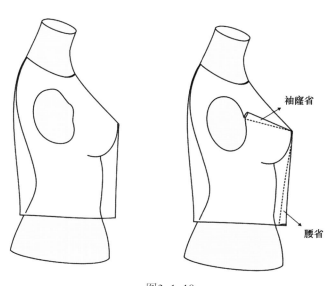

图3-1-10

领口省　　　　　　　　　　前中省

图3-1-10　女装胸省

二、施省的原理

衣服要做得既合体又立体，常利用省道来完成。人体上凹凸不平的曲面较多，尤其是女性的体型曲线最为明显。在布料上，平面制图通常用收省来使其隆起形成锥面并收掉多余的部分，使其更好地贴合人体，实现立体效果。

从几何上来看，使平面图形转化成立体的圆锥面，方法很简单。只要在圆周上取两个不同的点A、B，去掉经过这两点及圆心O的扇形，然后将AO、BO两半径对合，即成立体的圆锥面。服装正是按照这种几何原理来进行省道设计的，特别是女装的胸省，可以围绕BP点任何一个部位设计省道（衣身前片）。省道的方向一般指向人体突出点，也可以稍作偏离，同时，省尖在任何时候都应与突出点保持一定的距离，这个距离要视省道的位置大小、长度来决定，一般胸省距离BP点2~5cm，如图3-1-11所示。

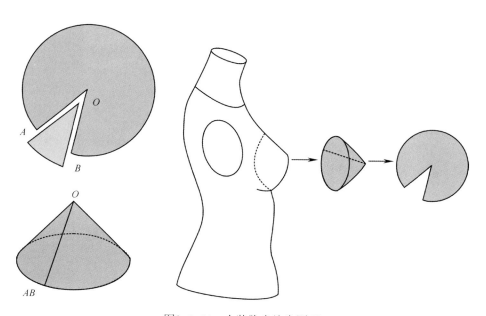

图3-1-11　女装胸省施省原理

任务要求

1.准备好制图、裁剪工具。

2.准备立裁人台一个，白坯布每人0.5m。

3.准备牛皮纸每人一张。

任务实施

一、认识原型上的省道名称

常见的五种胸省：领口省、肩省、袖窿省、腰省、腋下省，如图3-1-12所示。

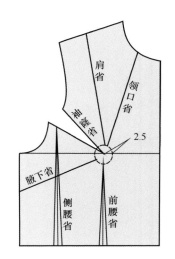

图3-1-12 女上衣原型省道名称

二、常见三种胸省的转移设计

剪切法：指设计新省位置，并剪开新省设置的位置，合并原省道即完成省道转移。这种方法简单、直观、易懂。

1.肩省的形成（图3-1-13）

（1）根据款式图画出肩省的位置。

（2）剪切省线，合并胸省，省量转移到肩省线中，肩省加凸角。

（3）修订轮廓线，完成纸样。

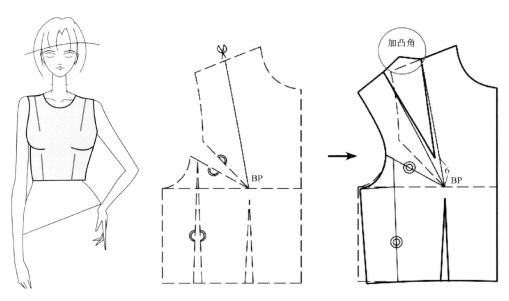

图3-1-13 肩省的形成

2.腋下省的形成（图3-1-14）

（1）根据款式图画出腋下省的位置。

（2）剪切省线，合并胸省，省量转移到腋下省中，腋下省加凸角。

（3）修订轮廓线，完成纸样。

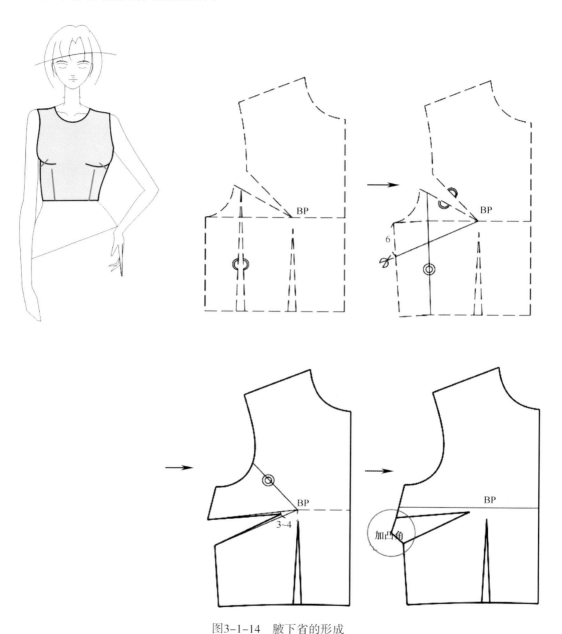

图3-1-14　腋下省的形成

3. 领口省的形成（图3-1-15）

（1）根据款式图画出领口省的位置。

（2）剪切省线，合并胸省，省量转移到领口省中，领口省加凸角。

（3）修订轮廓线，完成纸样。

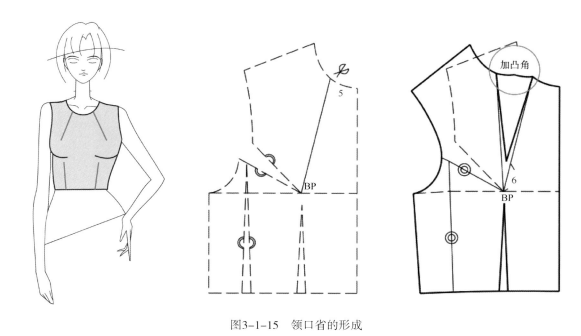

图3-1-15　领口省的形成

任务拓展训练

根据所给的款式图片，作出其1∶1结构图（图3-1-16）。

图3-1-16　款式图

任务三 常见分割线与胸褶的组合结构设计

任务目标

1. 能说出女上衣原型的四种常见分割线名称。
2. 能描述女上衣原型的四种常见分割线与胸褶的组合设计方式。
3. 能解释女上衣原型分割线的形成、分割线与胸褶组合的原理。
4. 能绘制女上衣原型的四种常见分割线的结构图。
5. 能绘制女上衣原型的四种常见分割线与胸褶组合的结构图。

任务描述

该任务主要是认识女上衣原型的四种常见分割线名称、四种常见分割线与胸褶的组合设计方式，掌握其结构变化原理，然后运用女上衣原型绘制其结构变化图。

知识准备

一、分割线的形成

图3-1-17 分割线形成

在省位的转移与展开中，几乎所有的变化都是在衣片的外轮廓线上形成的，要将省的变化由外轮廓转移到衣片内指定的位置，就必须要对衣片进行分割。分割线的设计，实际上就是将两个省尖作直线或曲线连接（连省成缝），并将省与分割线有机地结合在一起，运用分割线塑造出的服装比用省道塑造出的服装表面更圆顺，起伏变化平缓，如图3-1-17所示。

二、胸褶的形成

绕BP点四周的任一位置所打的皱褶通称作胸褶。胸褶和分割一样是胸省的一种结构形式，不同的是胸省和分割线在合体服装中应用较多，而胸褶更适合宽松服装。作褶的方法一般是通过移省而取得，但褶与省的外观效果不同，它具有强调和装饰的作用。因此，在结构处理上仅用现有的基本省量转移到皱褶中显然不够，大多还要采用增加设计量加以补充，可以通过立体裁剪或纸型切拉放出皱褶量。如图3-1-18所示。

图3-1-18 胸褶的形成

任务要求

1. 准备好制图、裁剪工具。

2. 准备立裁人台一个，白坯布每人0.5m。

3. 准备牛皮纸每人一张。

任务实施

一、分割线设计

1. 直线公主线分割（图3-1-19）

（1）根据款式图画出直线公主线。

（2）合并胸省，剪切分割线，省量即可转至分割线中。

（3）修订轮廓线，完成纸样。

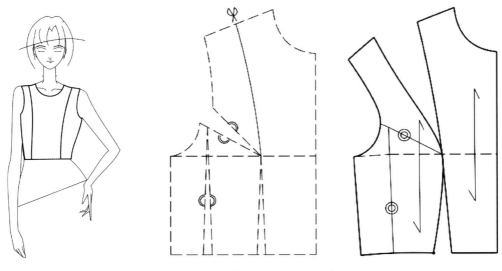

图3-1-19　直线公主线分割设计

2. 袖窿公主线分割（图3-1-20）

（1）根据款式图画出袖窿公主线。

（2）剪切分割线，并将胸省合并，省量即可转至分割线中。

（3）修订轮廓线，完成纸样。

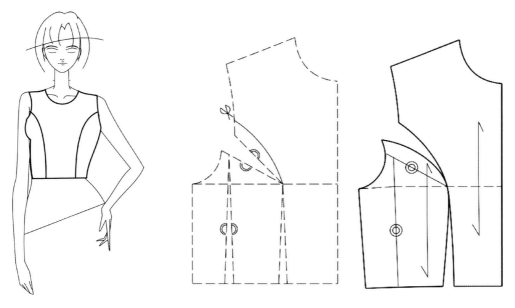

图3-1-20　袖窿公主线分割

3. 菱形分割线（图3-1-21）

（1）根据款式图画出菱形分割线位置，分割线必须通过BP点。

（2）剪切分割线，合并胸、腰省，省量即可转到菱形分割线。

（3）修订轮廓线，完成纸样。

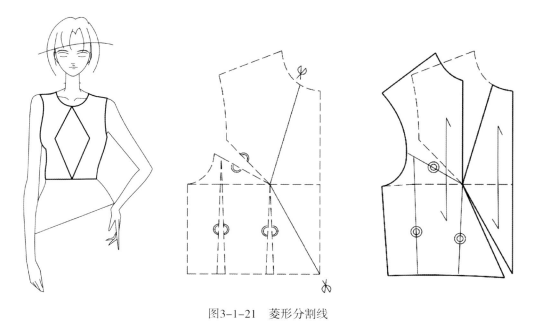

图3-1-21　菱形分割线

4.U形分割线（图3-1-22）

（1）根据款式图画出U形分割线造型，分割线必须通过BP点和腰省省尖点。

（2）剪切分割线，合并胸和腰省，省量转至U型分割线中。

（3）修订轮廓线，完成纸样。

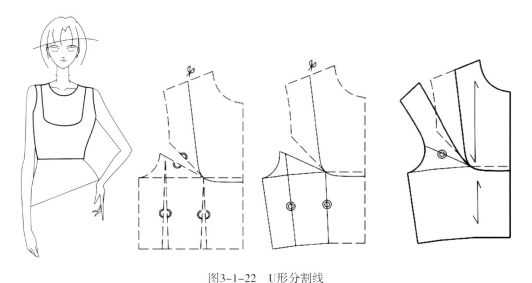

图3-1-22　U形分割线

二、分割线与褶的组合设计

1.胸弧分割线抽褶设计（图3-1-23）

（1）根据款式图画出人字形分割线。

（2）剪切分割线，分割线以下合并两腰省。

（3）合并胸省，省量转至人字形分割线上。

（4）开褶不够追加褶量，作斜向辅助线至袖窿，剪切辅助线后展开褶量。

（5）修订轮廓线，完成纸样。

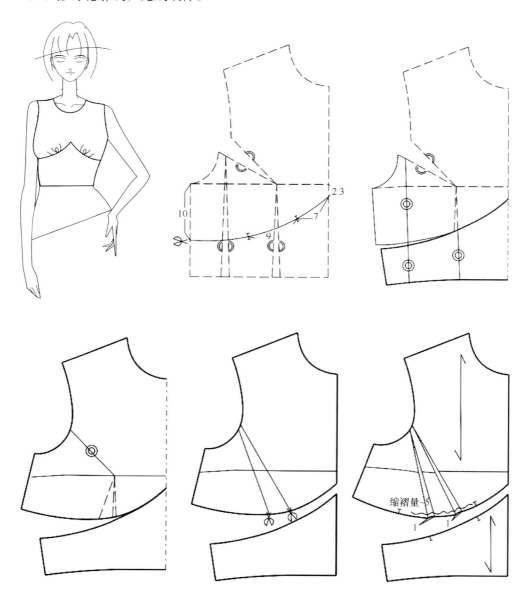

图3-1-23　胸弧分割线抽褶设计

2. 前中抽褶设计（图3-1-24）

（1）剪切前中胸围线至BP点，合并胸省，转移至前中开褶线上。

（2）合并腰省，转移至前中开褶线上。

（3）前中开褶不够追加褶量，继续剪切至袖窿底。

（4）修订轮廓线，完成纸样。

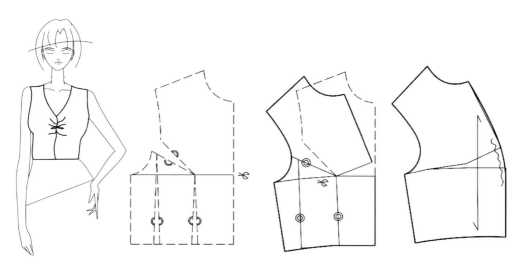

图3-1-24 前中抽褶设计

3.肩部育克抽褶设计（图3-1-25）

（1）作肩部育克分割线，剪切育克线至BP点。

（2）合并胸省，合并腰省，转移至育克线上。

（3）修订轮廓线，完成纸样。

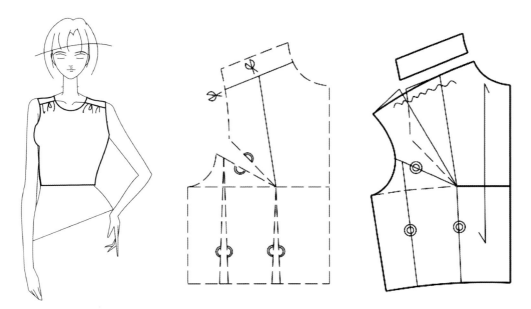

图3-1-25 肩部育克抽褶设计

4.胸腰省转垂褶领设计（图3-1-26）

（1）剪切胸围线至BP点，合并胸省，合并腰省，转移至前中。

（2）延长前中线，通过侧颈点作前中线的垂线。

（3）修订轮廓线，完成纸样。

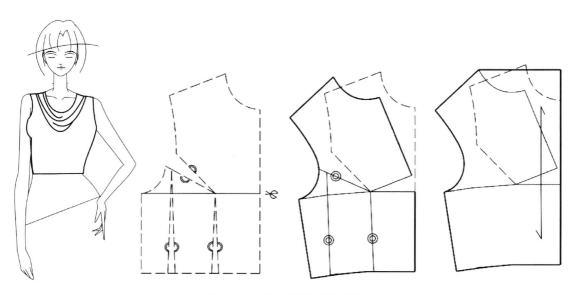

图3-1-26　胸腰省转垂褶领设计

任务拓展训练

根据所给的款式图片，作出其1∶1结构图（图3-1-27）。

图3-1-27　款式图

项目二 女衬衣结构设计与制作工艺

任务一 基本款衬衣结构设计与制作工艺

子任务一 基本款衬衣结构设计

任务目标

1. 认识女衬衣分类和款式特点。
2. 能说出女衬衣各部位名称。
3. 能测量人体尺寸确定基本款女衬衣成品规格。
4. 能用女上衣原型绘制1∶5和1∶1基本款女衬衣结构设计图。
5. 结构设计图标注的纱向、符号、文字符合作图规范。

任务描述

该任务主要是先对基本款女衬衣分类和款式特点有一个初步的了解，再认识女衬衣的各部位名称，然后掌握基本款女衬衣规格尺寸的确定方法，并绘制出一份完整的基本款女衬衣前片、后片及袖片的结构图，同时理解基本款女衬衣的结构设计要点。

知识准备

衬衣是女性日常穿着中的必备衣物，面料材质种类繁多，款式造型千变万化。可以在正规社交场合下穿着，也可以在职场上班时穿着，还可以在休闲度假时穿着。根据穿着场合的不同，女衬衣大致可以分为以下三类。

一、高级礼服类衬衣

在重要的社交活动如宴会、晚会、庆典上穿着，质地精美，用料上乘，有艺术感，黑或白色最佳，如图3-2-1所示。

图3-2-1 高级礼服类衬衣

二、职业合体类衬衣

在上班、日常活动时穿着，这类衬衣板型合体，做工精致，面料以素色或条纹的抗皱面料为主，给人以一种端庄正式的职场感觉，如图3-2-2所示。

图3-2-2 职业合体类衬衣

三、休闲宽松类衬衣

在居家游玩时穿着，廓型偏向宽松，有长有短，色彩图案个性化，通常选用舒适的天然纤维面料，如图3-2-3所示。

图3-2-3 休闲宽松类衬衣

任务要求

1. 学生准备好制图工具。
2. 教师准备上衣原型一份，利用上衣原型进行结构设计。
3. 教师准备基本款女衬衣一件穿在人台上。
4. 师生共同分析款式图，包括款式分析、成品尺寸分析、结构分析、工艺分析。

任务实施

一、认识女衬衣各部位线条名称（图3-2-4）

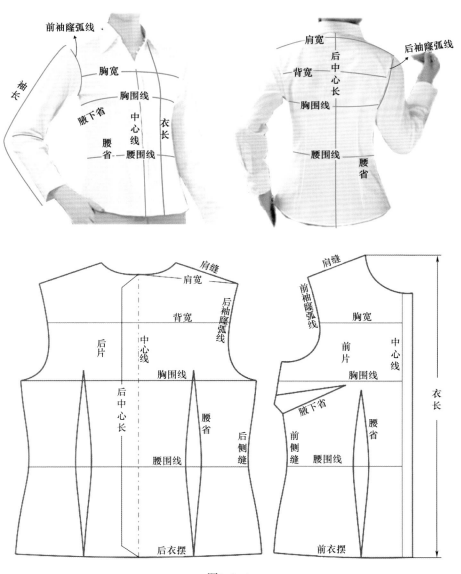

图3-2-4

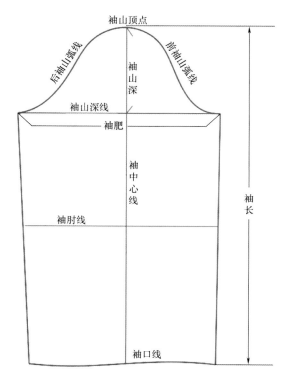

图3-2-4 女衬衣各部位线条名称

二、款式特征分析（图3-2-5）

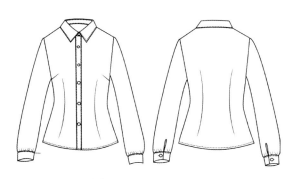

图3-2-5 女衬衣款式

（1）衣长设计：衣长以臀围线向上3~4 cm处为宜。

（2）衣身设计：衣身造型为合体收腰型；左右前衣片收腋下省2只，收腰省2只，后衣片收腰省2只；衣摆为平摆造型。

（3）门襟设计：贴边宽2.5 cm，锁眼钉扣6粒。

（4）袖子设计：量至手腕下3~4 cm处，袖口开袖衩收细褶，装袖克夫，锁眼钉扣一颗。

（5）领子设计：领子为分体式立翻领结构，领折线呈直线状。

（6）面料运用：面料多用薄棉料、棉涤料较多。

三、确定作图尺寸（表3-2-1）

表 3-2-1　作图尺寸

单位：cm

号型	部位名称	后中长	胸围	腰围	摆围	肩宽	袖长	袖克夫宽/高
160/84A	成品尺寸	56	90	74	94	38	58	22/3

四、绘制结构图

各结构图的绘制如图3-2-6所示，分两步。

1. 后片

（1）取女上衣原型，用长虚线画出原型轮廓线，标明前、后片所有省道线。

（2）确定衬衣后中长。

（3）确定后胸围为$B/4-0.5cm$。

（4）确定后腰省位置，确定前、后省尖点位置，取省根宽3cm和省长。

（5）后肩缝留0.3cm松量，肩端砍肩0.7cm，合并剩余肩省，剪开后袖窿，将松量转移至后袖窿。

（6）从后中领深点量至后肩斜线，取$S/2+0.3cm$为后肩宽。

（7）侧腰收进1.5cm，底摆侧缝起翘1.3cm，外加1.2cm。

（8）将后腰分中取省宽3cm，上省尖点超出胸围线2cm，下省尖点距底摆2.5cm，联结省宽点和省尖点作出完整腰省。

（9）用粗线将各点连成后片轮廓线。

2. 前片

（1）前肩宽=后肩宽-0.3。

（2）胸省处保留0.8 cm松量。

（3）确定前胸围为$B/4+0.5$ cm。

（4）距袖窿深7 cm处引一条线至胸高点，剪开此线，将胸省转移至此处；在省宽处作省凸量，省尖点距胸高点4 cm。

（5）重新画顺袖窿弧线。

（6）侧腰收进1.5 cm，底摆侧缝起翘1.3 cm，外加1.2 cm。

（7）省尖点偏移1.5 cm，取省宽3 cm，上省尖点离胸围线2 cm，下省尖点距底摆2.5cm，联结省宽点和省尖点作出完整腰省。

（8）由中心线向外取搭门宽1.25cm，取门筒宽2.5cm。

（9）用粗线将各点连接成前片轮廓线。

（10）定扣位和扣距，全衣共 6 颗扣子，第一颗在领座上，第二颗扣子距领口7cm，第 6 颗扣子距腰线 6cm，其余的扣子五等分定位。

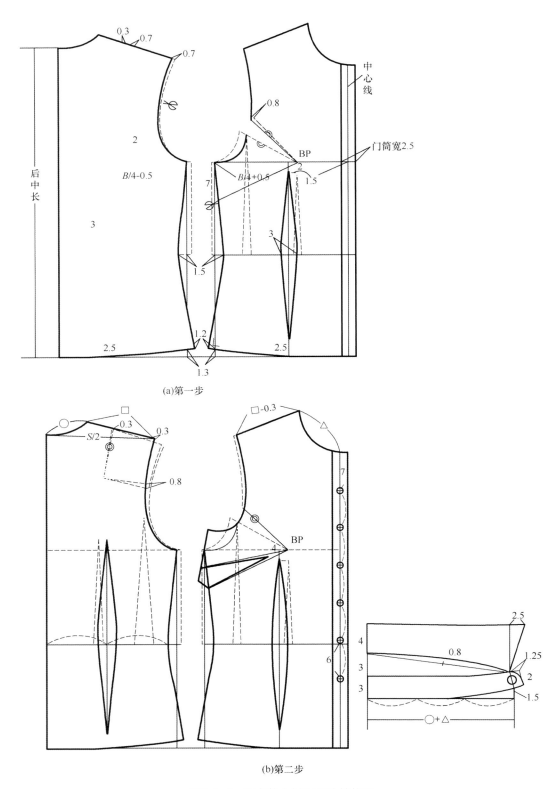

(a)第一步

(b)第二步

图3-2-6 基本款女衬衣衣片结构图

3. 袖子（图3-2-7）

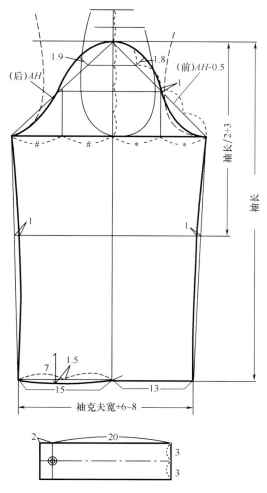

图3-2-7　基本款女衬衣袖片结构图

（1）将衣身前后的袖窿弧线拷贝出来。

（2）确定袖山高度。将侧缝线向上延长作为袖山线，并在该线上确定袖山高。由前后肩点高度的1/2位置点到BL线之间的高度，取其5/6作为袖山高。

（3）确定袖长。袖长二袖身长+袖克夫宽。

（4）作袖山斜线，确定袖肥。由袖山顶点开始，向前片的BL线取斜线长等于（前）AH-0.5cm，向后片的BL线取斜线长等于（后）AH。

（5）前袖山斜线分成四等份，第一等分点上取1.8cm，中点下移1cm，下端取与衣身的前袖窿弧线相似形，作前袖山弧线。

（6）将前袖的第一等分点对称至后袖，取1.9cm，下端取与衣身的后袖窿弧线的相似形，作后袖山弧线。

（7）画顺前后袖山弧线，要求光滑流畅，没有凹凸折角。

（8）袖口宽=袖克夫宽度+6~8cm，将袖口宽均分，前袖口宽−2cm，后袖口宽+2cm。

（9）用粗线将后片各点连成袖片轮廓线。

（10）作袖克夫长22cm（含2cm搭门），宽6cm，对折后净宽3cm。

五、基本款女衬衣结构设计要点分析

1. 关于后袖窿松量

后肩省总共1.8cm，后肩缝留0.3cm松量，肩端砍肩0.7cm，合并剩余肩省，后袖窿剪开，将松量转移至后袖窿，前片袖窿也要留同样的松量，以保证前后袖窿平衡。

2. 胸省

胸省转移至前腋下省，在斜线上收省，需要加省凸量。

3. 衬衣领

领子结构需观察翻折线的造型，该款衬衣的领子翻折线是直线型的，领座的起翘量和翻领的下弯量不大，一般适用于男性化的衬衣领。

任务拓展训练

根据所给的款式图片（图3-2-8），列出其成品尺寸，再作出其1：1结构图。

成品尺寸

图3-2-8　女衬衣款式图

子任务二　基本款女衬衣制作工艺

任务目标

1. 正确完成立翻领制作、开袖衩、装袖衩零部件制作。
2. 能按工艺单的各项工艺要求做好女衬衣制作的准备工作。
3. 能识别不同面料的纱方向，正确排料，完成女衬衣面料裁剪的过程。
4. 能按正确的工艺流程和方法完成女衬衣的制作和熨烫。
5. 能对所制作的女衬衣做全面的质量检验。

任务描述

该任务主要是学会按照工艺单的各项要求完成整件基本款女衬衣的工艺制作，掌握基本款女衬衣的制作工艺要点和工艺流程，对所制作的衬衣做质量检验。

知识准备

一、立翻领种类

立翻领（图3-2-9）是由翻领与领座组合而成的一种领型，最初是男式衬衫专有的领

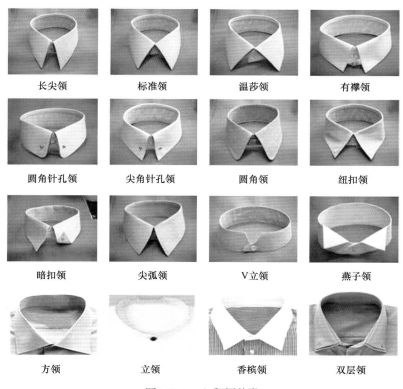

| 长尖领 | 标准领 | 温莎领 | 有襻领 |

| 圆角针孔领 | 尖角针孔领 | 圆角领 | 纽扣领 |

| 暗扣领 | 尖弧领 | V立领 | 燕子领 |

| 方领 | 立领 | 香槟领 | 双层领 |

图3-2-9　立翻领种类

型，又称作"衬衫领"。这种领型虽也因流行趋势而变，但一般变动不大，大体上领尖长（从领口到领尖的长度）在 8 ~ 9cm 之间，左右领尖的夹角为 75°~ 90°，领座高为 3.5 ~ 4cm，这种领型适合系领带。当这种领型用在女衬衣上时，领子整体造型可以设计得略微圆滑柔和，翻折线呈弧线状，领角可以是圆角型的，体现出安静、优雅的小清新风格（图3-2-10）。

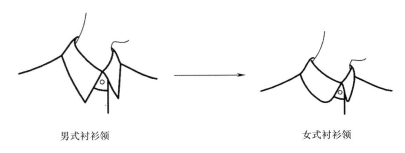

男式衬衫领　　　　　　　　　　女式衬衫领

图3-2-10　领型

二、袖衩的种类

常见的女衬衫袖开衩按形状分有：平袖衩和箭头袖衩两种，其中箭头袖衩又有两种裁制方法，即用一块布料缝制和用两块布料缝制的方法。

1. 平袖衩（图3-2-11）

（1）剪裁开衩口条。开衩口条宽2.5cm，长为衩长×2＋2cm，两端按0.6cm扣烫好。

（2）包衩口。用衩条包住开衩口，在袖片反面按0.1cm缉线，将衩口包住。

（3）装开衩口条。将袖头衩口剪开，开衩条正面与反面相对，将衩口条缉在开衩处，装在衩根处把袖衩口拉直，根部缝头为0.1cm，其余部位为0.6cm，装上。

（4）打结将开衩条对折，在衩根处缉来回针3~4遍，打结。

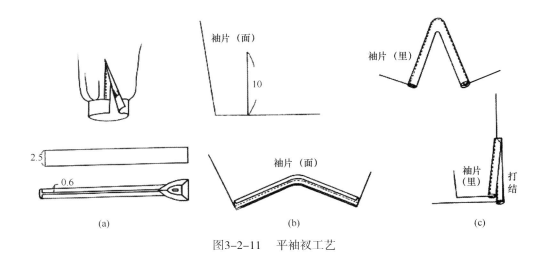

(a)　　　　　　　　　　　　　(b)　　　　　　　　　　　　　(c)

图3-2-11　平袖衩工艺

2. 宝剑头袖衩（图3-2-12）

（1）剪裁袖开衩条。按图中所注尺寸进行裁剪。

（2）烫扣袖开衩条。按图中所示烫开衩条，里包条宽1.1cm，长11cm，外包条宽2.4cm，长13.5cm。缝头0.5cm。

（3）剪开衩口。剪袖衩口布长10cm，上端剪成"Y"字形，把三角翻上。

（4）装里侧包条。将扣烫好的包条放于衩口，在上面按0.1cm缉明线，缉到衩根。

（5）装外侧包条。将外压条放另一侧衩口处，按0.1cm缉明线，在上端缉箭头，并横向封缉两道。

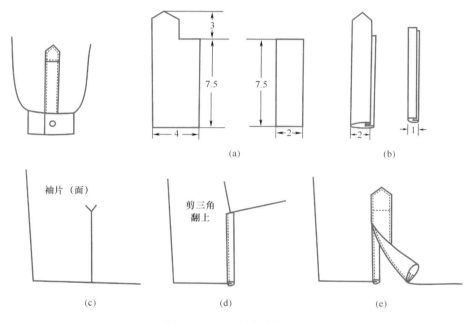

图3-2-12 宝剑头袖衩工艺

任务要求

1. 每人准备好裁剪工具、缝纫工具和熨烫设备。
2. 每人准备好制作基本款女衬衣的面辅料。
3. 对面料进行预缩。
4. 认真阅读工艺单要求。

任务实施

一、阅读工艺单

基本款女衬衣工艺单见表3-2-2。

表3-2-2 基本款女衬衣工艺单

成品规格	S	M	L	公差（cm）
后中长		56		±1
胸围		92		±2
腰围		74		±2
肩宽		36		±0.5
袖长		16		±0.5
袖口		13.5		±0.5
门筒宽		2.5		0
翻领领后高		4		
领座后高		3		

材料准备	面料 1.3m
	粘衬 0.5m
	衬衣扣子6颗

整烫要求：服装各部位熨烫平服，粘衬部位不允许脱胶、渗胶。

排料与裁剪要求：丝缕正确，不遗漏对位。刀口和定位钻孔；排料合理，面料反面划样。

外观质量要求：前身胸部造型饱满，分割线位置合理，门筒不起扣吃准，流畅美观。装领圆顺；绱袖子圆顺，吃势合理，衣摆平服。

款式、规格及工艺说明

1. 按所绘纸样要求完成整件样衣的制作
2. 成衣尺寸以规格表套制

各部位工艺说明		
3. 前片	收腋下省，腰省，缝份双锁边，宽2.5cm，绲0.1cm明线。贴边工艺
4. 后片	收腰省，收省顺直。省尖不起坑松散
5. 领子	装领三刀眼对齐，左右领对称。面里0.1cm明线
6. 袖子	袖口抽细裥，装袖克夫，绲压0.1cm明线。袖底缝缝份双锁边。袖山与袖隆对位绲袖，缝份双锁边
7. 底摆	卷绲缝，距底边卷绲绳压1.5cm明线
8. 针距	13针/3cm，点划六颗锁眼钉扣位

工艺操作流程

门筒粘衬→收前、后片腋下省，后片腰省→烫倒省道→做门筒→装门筒→缝合肩缝→缝合侧缝→侧缝双锁边→做领子→绱领子→绱颈子→开袖衩→装袖衩→抽袖口细裥→做袖克夫→装袖克夫→装袖底缝→绱袖子→点划扣位→锁眼钉扣→全面整烫

二、裁片数量（表3-2-3）

表 3-2-3　裁片数量

名称	前片	后片	门筒	上领	领座	袖片	袖克夫	袖衩
面料数量	2 片	1 片	2 片	2 片	2 片	2 片	2 片	2 片
粘衬数量			2 片	1 片	1 片		2 片	

三、基本款衬衣排料

放缝、文字纱向标注、排料、幅宽如图3-2-13所示。

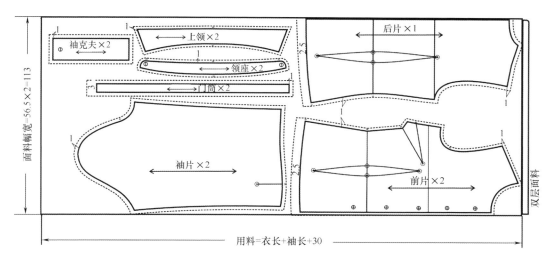

图3-2-13　基本款衬衣（160/68型号）排料图

四、整件制作工艺操作

制作工艺操作详见本教材配套光盘。

五、工艺质量检验标准

基本款女衬衣工艺质量检验标准见表3-2-4。

表3-2-4　基本款女衬衣工艺质量检验标准

序号	评价内容	工艺标准	分值	评分
1	外观造型	成品外观与款式相符，产品整洁，各部位熨烫平服，无线头，无污渍，无极光，无死痕，无烫黄，无变色	20	
2	经纬纱向	各部位丝缕正确，顺直平整	10	

序号	评价内容	工艺标准	分值	评分
3	针距要求	14针/3cm	5	
4	成品尺寸公差要求	衣长：±1cm　　胸围：±2cm 肩宽：±0.8cm　袖长：±0.8cm	10	
5	重要部位质量要求	收省：收省顺直，省尖不起坑松散	7	
		领子：三刀眼对齐，左右领对称，领角翻尖，两边一致，止口不反吐，整烫平服，不起皱，缉领圆顺	15	
		门襟：顺直平挺，宽窄一致，针距清晰，不跳针、不皱线	8	
		袖子：缉袖圆顺、缝份位大小一致，袖底十字缝对齐；袖衩不露毛，袖克夫高低平齐	10	
		底摆：卷边宽窄一致，平整不起扭	5	
6	制作时间	在规定时间（5h）内完成	10	

任务拓展训练

参考提供的图片款式（图3-2-14），动手设计一款女式装饰假领，并将其制作出来。

成品尺寸
领围=37cm

图3-2-14　女式装饰假领款式图

任务二 前胸抽褶衬衣结构设计与制作工艺

子任务一 前胸抽褶衬衣结构设计

任务目标

1. 认识前胸抽褶衬衣分类和款式特点。
2. 能测量人体尺寸，确定前胸抽褶衬衣成品规格。
3. 能描述前胸抽褶衬衣结构设计要点。
4. 能用女上衣原型绘制1:5和1:1前胸抽褶衬衣结构设计图。
5. 结构设计图上标注的纱向、符号、文字要符合作图规范。

任务描述

该任务主要是掌握前胸抽褶衬衣结构设计的过程：人体测量→成品规格的确定→作前胸抽褶衬衣结构图，理解前胸皱褶所在的位置确定、皱褶结构变化原理以及掌握前胸抽褶量大小的控制。

知识准备

抽褶衬衣是在基本款女衬衣的基础上进行的款式变化，主要体现在分割线、省道变化与前胸缩褶的组合设计。胸部的皱褶设计更能体现女性"S"身形，增添女装的细节美感。皱褶分布在胸高点四周3～6cm范围内，皱褶可以是细褶，也可以是规律褶，皱褶呈发散性指向胸高点，抽褶量大小根据款式需要一般设计在5～8cm之间，如图3-2-15所示。

图3-2-15 抽褶衬衣

任务要求

1.学生准备好制图工具。

2.教师准备上衣原型一份，利用上衣原型进行结构设计。

3.教师准备前胸抽褶衬衣一件，穿在人台上。

4.教师引导学生共同分析款式图，包括款式分析、结构分析、工艺分析、成品尺寸分析。

任务实施

一、分析款式特征（图3-2-16）

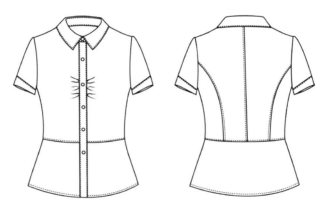

图3-2-16　抽褶衬衣款式

（1）衣长设计：衣长以臀围线向上3~4cm处为宜。

（2）衣身设计：衣身造型为合体收腰型；前片中心左右抽细褶，断腰分割线；后片后中断缝，刀背分割线。

（3）门襟设计：夹装门筒，宽2.5cm，锁眼钉扣6颗。

（4）袖子设计：袖口装袖口贴边。

（5）领子设计：领子为分体式立翻领结构，领折线呈弧线状。

（6）面料运用：面料多用薄棉料、棉涤料。

二、确定作图尺寸（表3-2-5）

表3-2-5　作图尺寸 单位：cm

号型	部位名称	后中长	胸围	腰围	摆围	肩宽	袖长	半袖口
160/84A	成品尺寸	56	90	74	94	37	18	14.5

三、 绘制结构图

各结构图的绘制如图3-2-17~图3-2-19所示，分四步。

1. 后片

（1）取女上衣原型，用长虚线画出原型轮廓线，标明前、后片所有省道线。

（2）确定衬衣后中长。

（3）后中收腰1.5cm，上下画顺作背中弧线。

（4）确定后胸围为$B/4-0.5$cm。

（5）后肩缝留0.3cm松量，肩端砍肩0.7cm，合并剩余肩省，后袖窿剪开，将松量转移至后袖窿。

（6）从后中领深点量至后肩斜线，取$S/2$为后肩宽。

（7）腰线处合并上下侧腰省1.5cm。

（8）确定后腰省位置，从肩点沿袖窿线下量9cm确定后刀背线起点，作腰线以上刀背分割线，腰线以下合并腰省量。

（9）底摆侧缝起翘1.2cm，外加1.2cm。

（10）后中腰线收进1.5cm，画顺后中断缝弧线。

（11）用粗线将后片各点连成轮廓线。

2. 前片

（1）前肩宽=后肩宽-0.3cm。

（2）胸省处保留0.8cm松量。

（3）确定前胸围为$B/4+0.5$cm。

（4）腰线处合并上下段侧腰省1.5cm，合并上下段前腰省。

（5）由中心线向外取搭门宽1.25cm，取门筒宽2.5cm。

（6）剪开2.5cm门筒，剪断前中胸围线，合并胸省，转移至该短线段处。

（7）测量展开的褶量大小，根据款式图需要，判断是否还需要再次追加前胸褶量；如需追加褶量，沿胸围线剪开，继续展褶追加2cm，抽褶总量一般控制在4~5cm。

（8）在胸围线上下4.5cm处作刀口记号，确定出抽褶的起始点，抽褶后的宽度控制在6cm左右，画抽褶符号。

（9）在门筒上作刀口记号确定抽褶后的宽度。

（10）底摆侧缝起翘1.2cm，外加1.2cm。

（11）用粗线将前片各点连接成前上与前下片的轮廓线。

（12）定出扣位和扣距，全衣共6颗扣子，第一颗在领座上，第二颗扣子距领口7cm，第六颗扣子距腰线6cm，其余剩下的扣子分五等份定位。

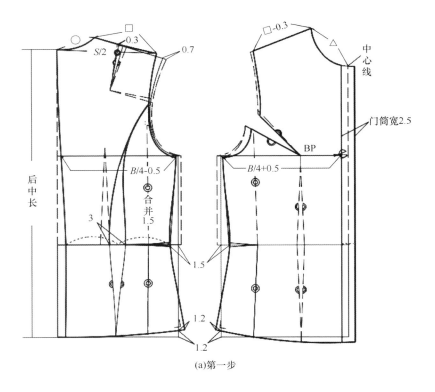

(a)第一步

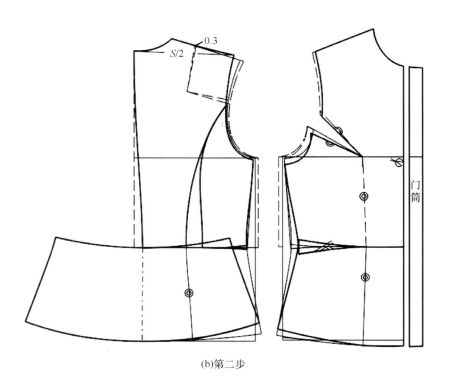

(b)第二步

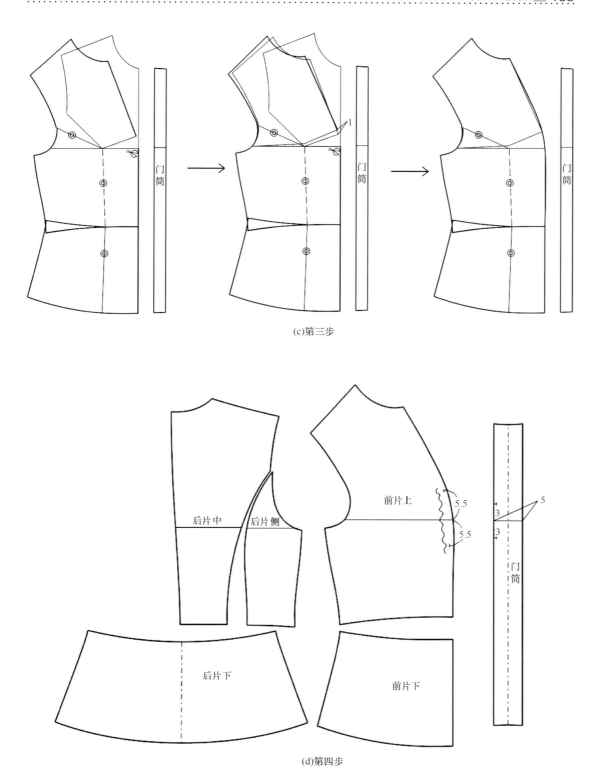

(c)第三步

(d)第四步

图3-2-17 抽褶衬衣前、后片结构图

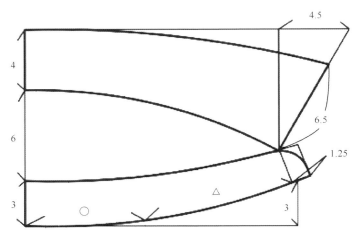

图3-2-18　领子结构图

3.袖子（图3-2-19）

（1）将衣身前后的袖窿弧线拷贝出来。

（2）确定袖山高度。将侧缝线向上延长作为袖山线，并在该线上确定袖山高。由前后肩点高度的1/2位置点到BL线之间的高度，取其5/6作为袖山高。

（3）确定短袖袖长。

（4）作袖山斜线，确定袖肥。由袖山顶点开始，向前片的BL线取斜线长等于（前）AH–0.5cm，向后片的BL线取斜线长等于（后）AH。

（5）前袖山斜线分成四等份，第一等分点上取1.8cm，中点下移1cm，下端取与衣身的前袖窿弧线相似形，作前袖山弧线。

（6）将前袖的第一等分点对称至后袖，取1.9cm，下端取与衣身的后袖窿弧线的相似形，作后袖山弧线。

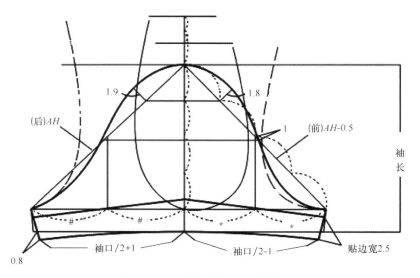

图3-2-19　抽褶衬衣袖子结构图

（7）画顺前后袖山弧线，要求光滑流畅，没有凹凸折角。

（8）确定出前后袖口宽。

（9）作袖口翻贴。

（10）用粗线将袖片各点连成袖片轮廓线。

四、前胸抽褶衬衣结构设计要点分析

（1）对于断腰缝的款式，需要在腰线处合并上下段侧腰省1.5cm，以保证此处的贴体度。

（2）前中心的胸褶需要将胸省和腰省的量全部转完。根据款式图需要，当转完胸省后，判断是否还需要再次追加前胸褶量，如需追加褶量，要在合适的位置作一条辅助线联结BP点，沿辅助线剪开后追加，一般来说，女装胸部附近的抽褶量不宜太多，一般控制在3～5cm。

（3）领子的结构需注意观察翻折线的造型，翻折线造型可以是直线，也可以是弧线，决定了领座的起翘量和翻领的下弯量；翻折线越弧，领座的起翘量越大，翻领的下弯量越大，这种领子一般适用于女性化的衬衣领。

任务拓展训练

根据所给的款式图片（图3-2-20），列出其成品尺寸，再作出其1∶1结构图。

成品尺寸

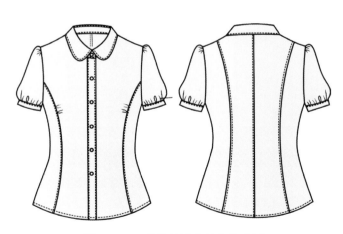

图3-2-20　前胸抽褶女衬衣款式图

子任务二　前胸抽褶女衬衣制作工艺

任务目标

　　1.能正确完成夹装门筒、前中抽褶等关键工序的制作。

　　2.能按工艺单的各项工艺要求做好抽褶女衬衣制作的准备工作。

　　3.能识别不同面料的纱的方向，正确排料，完成抽褶女衬衣面料裁剪的过程。

　　4.能按正确的工艺流程和方法完成抽褶女衬衣的制作和熨烫。

　　5.能对所制作的抽褶女衬衣做全面的质量检验。

任务描述

　　该任务主要是学会按照工艺单的各项要求完成整件前胸抽褶女衬衣的工艺制作，掌握前胸抽褶女衬衣的制作工艺要点和工艺流程，对所制作的衬衣做质量检验。

任务要求

　　1.每人准备好裁剪工具、缝纫工具和熨烫设备。

　　2.每人准备好制作前胸抽褶女衬衣的面辅料。

　　3.对面料进行预缩。

　　4.认真阅读工艺单要求。

任务实施

一、阅读工艺单

　　前胸抽褶女衬衣工艺单见表3-2-6。

表3-2-6 前胸抽褶女衬衣工艺单

成品规格	S	M	L	公差（cm）
后中长		56		±1
胸围		92		±2
腰围		74		±2
肩宽		36		±0.5
袖长		16		±0.5
袖口		13.5		±0.5
门筒宽		2.5		0
翻领后高		4		
领座后宽		3		

材料准备：面料1.3m　粘衬0.5m　衬衣扣子6颗

整烫要求：服装各部位熨烫平服，粘衬部位不允许脱胶、渗胶

排料与裁剪要求：丝绺正确，不遗漏对位刀口和定位钻孔；排料合理，面料反面划样

外观质量要求：前身胸部造型饱满，分割线位置合理，门筒不起扭歪斜，装领圆顺；绱袖子圆顺均势合理，衣摆平服

款式、规格及工艺说明

各部位工艺说明：

1. 按所给纸样要求完成整件样衣的制作
2. 成衣尺寸以规格表控制
3. 前片：前中胸部缩细料，门筒宽2.5cm，夹装衣片，宽窄一致，绱0.1cm明线；断腰缝设计。绱0.5cm明线
4. 后片：肩背分割线，后中断缝，缝份双锁边，表面均匀绗压0.5cm明线
5. 领子：尖角立翻领，弧线型翻折线，装领三刀眼对齐，左右领对称，面绱0.1cm明线。面绱0.1cm明线
6. 袖子：袖口尖角翻贴，绗压0.1cm明线，袖底缝缝份双锁边；袖山与袖隆对位绱袖，缝份双锁边
7. 底摆：卷绳缝，距底边差卷绗压1.5cm明线
8. 针距：13针/3cm，点划6颗锁眼钉扣位

工艺操作流程：

门筒粘衬衬→收前胸褶→拼前腰缝和后分割线和后中缝→拼后分割线→缝份双锁并烫倒→做门筒→装门筒→缝合肩缝→缝合侧缝→绱领子→做领子→缝份双锁领→绱袖子→绱袖口翻贴→缝合袖底缝→袖隆双锁边→点划扣位→锁眼钉扣位→全面整烫

二、裁片数量（表3-2-7）

表 3-2-7　裁片数量

名称	前上	前下	后中	后侧	后下	门筒	上领	领座	袖片	袖口贴
面料数量	2 片	2 片	2 片	2 片	1 片	2 片	2 片	2 片	2 片	2 片
粘衬数量						2 片	1 片	1 片		2 片

三、放缝、文字纱向标注、排料、幅宽（图3-2-21）

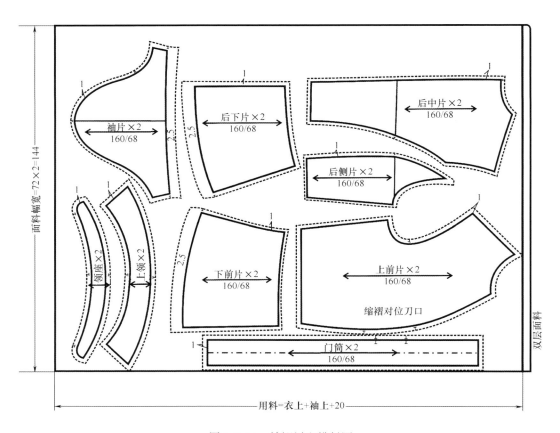

图3-2-21　抽褶衬衣排料图

三、整件制作工艺操作

制作工艺操作详见本教材配套光盘。

四、工艺质量检验标准

前胸抽褶女衬衣工艺质量检验标准见表3-2-8。

表 3-2-8　前胸抽褶女衬衣工艺质量检验标准

序号	评价内容	工艺标准		分值	评分
1	外观造型	成品外观与款式相符，产品整洁，各部位熨烫平服，无线头，无污渍，无极光，无死痕，无烫黄，无变色		20	
2	经纬纱向	各部位丝缕正确，顺直平整		10	
3	针距要求	14针/3cm		5	
4	成品尺寸公差要求	衣长：±1cm　　胸围：±2cm 肩宽：±0.8cm　袖长：±0.8cm		10	
5	重要部位质量要求	缩褶：位置正确，左右对称，褶子分布均匀细密		8	
		领子：三刀眼对齐，左右领对称，领角翻尖，两边一致，止口不反吐，整烫平服，不起皱，绱领圆顺		15	
		门襟：夹装方法正确，宽窄一致，顺直平挺，上下不漏布		8	
		袖子：绱袖圆顺，缝份位大小一致，袖底十字缝对齐；袖衩不露毛，袖克夫高低平齐		10	
		底摆：卷边宽窄一致，平整不起扭		5	
6	制作时间	在规定时间（5h）内完成		10	

任务三　双弧分割衬衣结构设计

任务目标

1. 认识双弧分割衬衣的分类和款式特点。
2. 能测量人体尺寸确定双弧分割衬衣成品规格。
3. 能用女上衣原型绘制1∶5和1∶1双弧分割衬衣结构设计图。
4. 重点学会两条弧线、泡泡袖的结构设计方法。
5. 结构设计图标注的纱向、符号、文字符合作图规范。

任务描述

该任务主要是掌握双弧分割衬衣结构设计的过程：人体测量→成品规格的确定→作双弧分割衬衣结构图，理解前胸皱褶所在的位置确定、皱褶结构变化原理以及掌握前胸抽褶量大小的控制。

知识准备

分割线（图3-2-22）可以分为纵向分割线和横向分割线。

一、纵向分割线的分类

纵向分割线又可以分为中心分割线、公主分割线、刀背分割线三种。

1. 中心分割线

多在后中心线处分割，在功能上，后中心线分割利于装拉链和作后开衩。

2. 公主分割线

因为早年英国皇太子妃经常穿有此分割线的衣裙，故得此名。公主分割线是从肩至下摆且通过胸高点的纵向分割线。其突出表现胸部、腰部曲线、下摆自然加量放宽，是非常优雅的外轮廓线，适合任何体型。在结构上，胸省转移至分割线处，改变腰部松量与下摆放量可形成多种外轮廓形状，最常见的是X收腰形的上衣和连衣裙。领孔公主分割线是从领孔至下摆且通过胸高点的纵向分割线，领孔公主线将一部分省量融入领孔至胸部的分割线中。

3. 刀背分割线

又称作袖孔公主线。刀背线一般从袖窿开始，经过胸高点附近腰线至下摆，产生的轮廓造型与公主分割线的相类似。

二、横向分割线

横向分割线又可以分为育克分割线、断腰分割线两种。

| 刀背分割线 | 领孔分割线 | 高腰分割线 |

育克分割线

图3-2-22 分割线

1. 育克分割线

育克一般在胸围线以上进行分割，育克以下的部分往往会采用纵向分割线。肩省量一般隐含在育克分割线中，胸腰省量则并入育克以下的纵向分割线中。

2. 断腰分割线

断腰分割线是在腰部最细处进行分割，是衬衣和连衣裙使用最广泛的一种，可以分为低腰分割线、中腰分割线和高腰分割线三种。

任务要求

1. 学生准备好制图工具。

2. 教师准备上衣原型一份，利用上衣原型进行结构设计。

3. 教师准备双弧分割衬衣一件，穿在人台上。

4. 教师引导学生共同分析款式图，包括款式分析、结构分析、工艺分析、成品尺寸分析。

任务实施

一、分析款式特征（图3-2-23）

（1）衣长设计：衣长以臀围线向上3~4cm处为宜。

（2）衣身设计：衣身造型为合体收腰型；左右前衣片设计肩胸弧形分割线，设计弧形刀背分割线。

（3）门襟设计：贴边门筒宽2.5cm，锁眼钉扣6颗。

（4）袖子设计：袖口收细褶，装袖克夫。

（5）领子设计：领子为分体式立翻领结构，圆领角，领折线呈弧线状。

（6）面料运用：面料多用薄棉料、棉涤料较多。

图3-2-23　双弧分割衬衣款式

二、确定作图尺寸（表3-2-9）

表 3-2-9　作图尺寸　　　　　　　　　　　　　　　　　　　　　　单位：cm

号型	部位名称	后中长	胸围	腰围	摆围	肩宽	袖长	半袖口
160/84A	成品尺寸	56	90	74	94	35	21	12.5

三、绘制结构图

衣身作图如图3-2-24所示，分解图如图3-2-25所示，领子作图如图3-2-26所示。

1. 后片（图3-2-24）

（1）取女上衣原型，用长虚线画出原型轮廓线，标明前、后片所有省道线。

（2）确定衬衣后中长。

（3）后中收腰1.5cm，上下画顺作背中弧线。

（4）确定后胸围为$B/4-0.5$cm。

（5）侧腰收进1.5cm，底摆侧缝外加1.2cm，起翘1.2cm，作侧缝线和后底摆弧线。

（6）后肩省合并0.5cm后转移至后袖窿处作松量，后肩缝留0.3cm松量，余下1cm作肩省并入肩背分割线中。

（7）从后中领深点量至后肩斜线，先取$S/2$，后再外延1cm作为肩宽点。

（8）重新修顺袖窿弧线和后肩线。

（9）确定后腰省位置，取省根宽3cm。

（10）联结肩省和腰省，作出完整的肩背分割线。

（11）整理出后片各裁片轮廓线。

2. 前片（图3-2-24）

（1）取前肩宽=后肩宽-0.3cm，前后肩分割点要求对上。

（2）胸省处保留松量与后袖窿松量相等。

（3）确定前胸围为B/4+0.5cm。

（4）由中心线向外取搭门宽1.25cm，前中低落1.5cm作底摆弧线。

（5）侧腰收进1.5cm，底摆侧缝起翘1.2cm，外加1.2cm作侧缝线。

（6）确定扣位和扣距，全衣共5颗扣子，第1颗扣子距领深7cm，第5颗扣子距腰线下5cm，其余剩下3颗扣子分五等份定位。

（7）作肩胸U形分割线。

（8）合并胸省，转移至肩胸U形分割线上，修顺肩胸U形分割线。

（9）重新修顺袖窿弧线，确定刀背弧线分割的位置。

（10）确定腰省位置，取省宽3cm，作出完整刀背分割弧线。

（11）整理出前片各裁片轮廓线。

（12）从肩点起在前后袖窿弧线处打刀口作泡泡袖抽褶的对位记号。

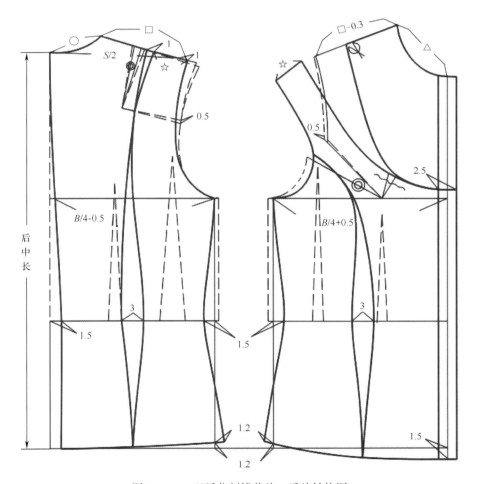

图3-2-24　双弧分割线前片、后片结构图

3. 袖子（图3-2-27）

（1）~（8）作图步骤与前胸抽褶衬衣相同。

（9）将袖山分成三等份，取第二等分点作辅助线，从袖山顶点起剪切袖中线至辅助线，再剪至左右袖山弧线，不能剪断，袖山向上抬高后展开抽褶量3~4cm。

（10）从袖口中点起剪切袖中线至辅助线，再剪至左右袖山弧线，不能剪断，袖口向下降低后展开抽褶量2~4cm。

（11）将各点连成袖片轮廓线，弧线顺畅。

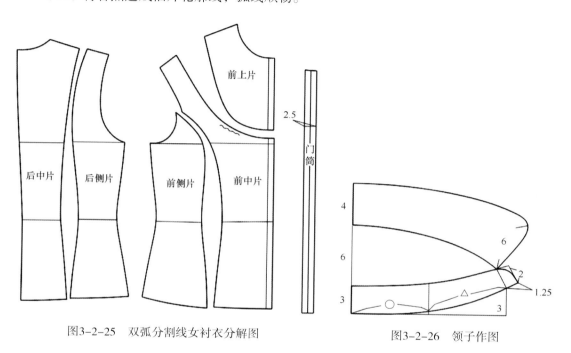

图3-2-25　双弧分割线女衬衣分解图　　　　　　图3-2-26　领子作图

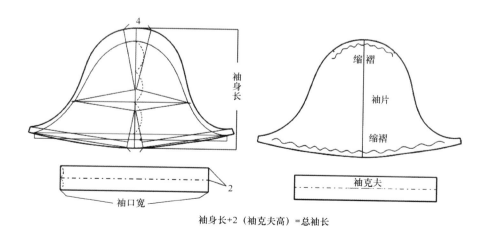

袖身长+2（袖克夫高）=总袖长

图3-2-27　袖子作图

四、双弧分割衬衣结构设计要点分析（图3-2-28）

经过胸高点附近的两条弧形分割线，胸省应该转移给哪一条，取决于哪条弧线距离BP点更近。这时，胸省量可以有四种转移方式。

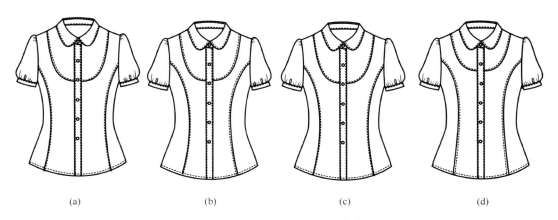

(a)   (b)   (c)   (d)

图3-2-28　胸省的四种转移方式

（1）完全转移给肩胸U分割线［图3-2-28（a）］。

（2）1/2转移给肩胸U分割线，1/2转移给刀背分割线［图3-2-28（b）］。

（3）2/3转移给肩胸U分割线，1/3转移给刀背分割线［图3-2-28（c）］。

（4）完全转移给刀背分割线［图3-2-28（d）］。

任务拓展训练

根据所给的款式图片（图3-2-29），列出其成品尺寸，再作出其1∶1结构图。

成品尺寸

图3-2-29　双弧分割衬衣款式图

任务四 横竖分割衬衣结构设计

任务目标

1. 认识横竖分割衬衣的分类和款式特点。
2. 能测量人体尺寸，确定横竖分割衬衣成品规格。
3. 能用女上衣原型绘制1∶5和1∶1横竖分割衬衣结构设计图。
4. 重点学会横竖分割线与褶组合、坦领的结构设计方法。
5. 结构设计图标注的纱向、符号、文字要符合作图规范。

任务描述

该任务主要是掌握横竖分割衬衣结构设计的过程：人体测量→成品规格的确定→作横竖分割衬衣结构图，理解前胸皱褶所在的位置确定、皱褶结构变化原理以及掌握前胸抽褶量大小的控制。

任务要求

1. 学生准备好制图工具。
2. 教师准备上衣原型一份，利用上衣原型进行结构设计。
3. 教师准备横竖分割衬衣一件穿在人台上。
4. 教师引导学生共同分析款式图，包括款式分析、结构分析、工艺分析、成品尺寸分析。

任务实施

一、分析款式特征（图3-2-30）

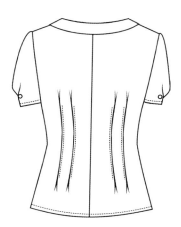

图3-2-30 女式衬衣

（1）衣长设计：衣长以臀围线向上3~4cm处为宜。

（2）衣身设计：衣身造型为合体收腰型；前衣片设计横向分割线和纵向分割线；后衣片左右各收腰褶2只，后中断缝。

（3）门襟设计：装挂面，锁眼钉扣5颗。

（4）袖子设计：袖口中间收工字褶一只，锁眼钉扣一颗。

（5）领子设计：领子为坦领结构，圆领角。

（6）面料运用：面料多采用薄棉料、棉涤料。

二、确定作图尺寸（表3-2-10）

表3-2-10　作图尺寸　　　　　　　　　　　　　　　　　　　　　　　　　　　　单位：cm

号型	部位名称	衣长	胸围	腰围	摆围	肩宽	袖长	半袖口
160/84A	成品尺寸	57	90	74	94	37	18	13

三、绘制结构图

各结构图的绘制如图3-2-31~图3-2-35所示。

1. 后片

（1）取女上衣原型，用长虚线画出原型轮廓线，标明前、后片所有省道线。

（2）取前衣长，前衣长线上抬1.5cm作为后中衣长。

（3）确定后胸围为$B/4-0.5$cm。

（4）后中收腰1.5cm，上下画顺作背中弧线。

（5）确定后胸围为$B/4-0.5$cm。

（6）侧腰收进1.5cm，底摆侧缝外加1cm。

（7）后中衣长延长0.7cm，画顺后底摆弧线。

（8）后领开宽3.5cm，开深1.5cm作领弧线。

（9）后肩缝留0.3cm松量，肩端砍肩0.7cm，合并剩余肩省，后袖窿剪开，将松量转移至后袖窿。

（10）从后中领深点量至后肩斜线，取$S/2$作为后肩宽点。

（11）重新修顺袖窿弧线和后肩线。

（12）确定两个后腰省位置，确定上下尖点位置，分别取省根宽1.5cm，将省道改画成褶。

（13）用粗线将各点连成后片轮廓线。

2. 前片

（1）前领开宽3.5cm，开深3.5cm，取前肩宽=后肩宽-0.3cm。

（2）胸省处保留松量与后袖窿松量相等。

（3）确定前胸围为$B/4+0.5cm$。

（4）侧腰收进1.5cm，底摆侧缝起翘1.5cm，外加1cm作侧缝线及底摆弧线。

（5）由中心线向外取搭门宽1.5cm，定出扣位和扣距，全衣共5颗扣子，第一颗扣边距领深0.5cm，第5颗扣子距腰线下5cm，其余剩下三颗扣子分四等份定位。

（6）前中腰省上省尖点偏移1cm，取省宽3cm，作出完整腰省。

（7）确定横线分割的位置，剪切此线段至BP点。

（8）合并胸省，转移至该横线段处。

（9）测量展开的褶量大小，根据款式图需要，判断是否需要再次追加前胸褶量；如需追加褶量，从肩线上作辅助线联结BP点至开褶点，沿辅助线剪开，继续展褶追加3cm，抽褶总量一般控制在4.5～5cm。

（10）在横向分割线上作刀口记号，确定抽褶的起始点，抽褶后的宽度控制在6cm左右，画抽褶符号。

（11）在下衣片上作出刀口记号，确定抽褶后的宽度。

（12）整理出前片各裁片轮廓线。

3. 袖子（图3-2-35）

作图步骤参考前胸抽褶女衬衣的袖子。

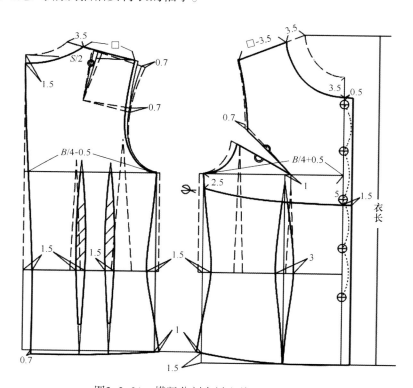

图3-2-31　横竖分割女衬衣前、后片结构图

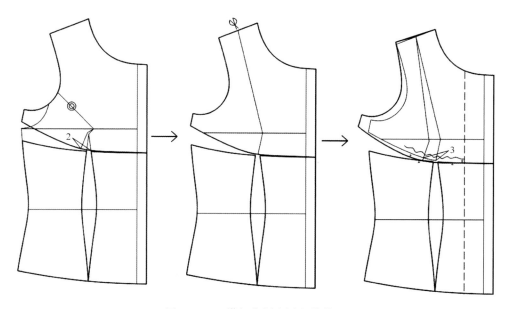

图3-2-32　横竖分割女衬衣裁剪图

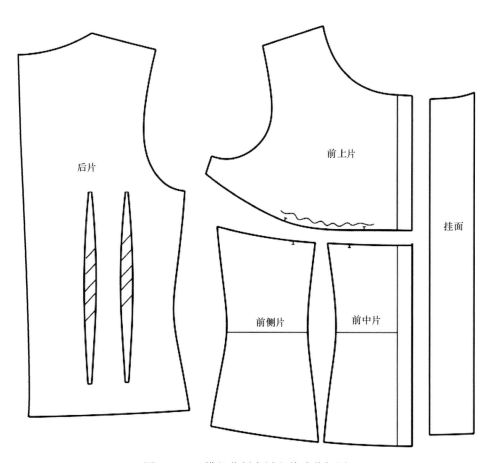

图3-2-33　横竖分割女衬衣裁片分解图

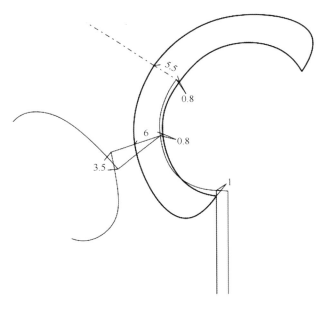

图3-2-34 领子作图

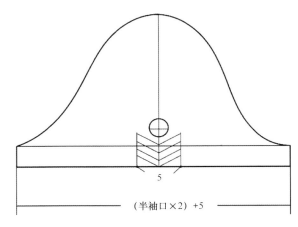

图3-2-35 横竖分割女衬衣袖子结构图

四、横竖分割衬衣结构设计要点分析

（1）前片横向分割线的造型、位置需要把握好。

（2）前片纵向分割线的位置需要把握好。

（3）根据款式图需要，当转完胸省后，判断是否需要再次追加前胸褶量，如需追加褶量；需要在合适的位置作一条辅助线联结BP点，沿辅助线剪开后追加，一般来说女装胸部附近的抽褶量不宜太多，一般控制在3~5cm。

（4）后片的腰省可以以省褶的形式存在。

（5）该款衬衣的领子属于坦领结构，前后肩缝的重叠量大小直接影响到坦领绱在领口上的状态，一般为3cm左右。

第四模块　连衣装提升模块

项目　连衣裙结构设计与制作工艺

任务一　基本款连衣裙结构设计与制作工艺

子任务一　基本款连衣裙结构设计

任务目标

1. 认识基本款连衣裙的分类和款式特点。
2. 能说出基本款连衣裙的各部位名称。
3. 能测量人体尺寸，确定基本款连衣裙成品规格。
4. 能用女上衣原型绘制1：5和1：1基本款连衣裙结构设计图。
5. 结构设计图标注的纱向、符号、文字要符合作图规范。

任务描述

该任务主要是先对连衣裙分类和款式特点有一个初步了解，再认识连衣裙的各部位名称，然后掌握基本款连衣裙规格尺寸的确定方法，并绘制出一份完整的基本款连衣裙前片、后片及袖片的结构图，同时理解基本款连衣裙的结构设计要点。

知识准备

连衣裙是由衬衫式的上衣和各类裙子相连接成的连体服装样式，在各种款式造型中被誉为"款式皇后"，是变化莫测、种类最多、最受青睐的款式，在上衣和裙体上可以变化的各种因素几乎都可以组合构成连衣裙的样式。连衣裙分类款式种类繁多，基本可以分为以下几大类。

一、按腰线结构分类

按腰线结构可分为连腰裙和断腰裙。

1. 连腰裙

包括连腰直身型、带公主线型、A型等。

连腰直身型：直身合体的连衣裙，裙子的侧缝线是自然下落的直线形。

带公主线型：利用从肩部到下摆的竖破缝线体现曲线美的连衣裙，如公主线和刀背线，强调收腰、宽摆，营造出立体感。

A型：有直接从上部就开始宽松、扩展的形状，也有从胸部以下朝下摆扩展的形状。

2.断腰裙

分为中腰裙、低腰裙和高腰裙。

（1）中腰型：接腰位置在身体的最细部位。

（2）低腰型：接腰的位置按衣长的比例而定，如果裙子是喇叭形、抽褶形或打褶形，下摆较大。

（3）高腰型：接腰位置在腰围线以上的裙子。大多数的形状是收腰、宽摆。

二、按轮廓造型分类

连衣裙按轮廓造型分为A型裙、茧型裙、X型裙、O型裙、H型裙等，如图4-1-1所示。

| A型连腰裙 | O型连腰裙 | X型连腰裙 | 茧型连腰裙 |

| 低腰细褶裙 | 高腰细褶裙 | 中腰波浪裙 | 中腰直身裙 |

图4-1-1　连衣裙廓形分类

任务要求

1. 学生准备好制图工具。

2. 教师准备上衣原型和裙原型各一份，利用原型进行结构设计。

3. 教师准备基本款连衣裙一件，穿在人台上。

4.师生共同分析款式图，包括款式分析、成品尺寸分析、结构分析、工艺分析。

任务实施

一、认识连衣裙各部位名称（图4-1-2）

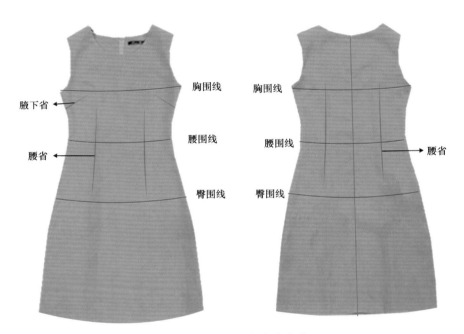

图4-1-2　连衣裙各部位名称

二、分析款式特征（图4-1-3）

图4-1-3　连衣裙

1.裙长设计

中长裙长，平齐膝盖为宜。

2.前后裙身设计

前片收腋下省、腰省，后片收腰省。

3.开口设计

裙后中装隐形拉链。

4.领袖口设计

无领无袖，领口与袖口采用贴边工艺。

5.面料运用

主要采用棉、麻、雪纺纱等混纺面料。

三、确定作图尺寸（表4-1-1）

表 4-1-1　作图尺寸 单位：cm

号型	部位名称	后中裙长	胸围	腰围	肩宽
160/84A	成品尺寸	90	88	72	35

四、绘制结构图

各部分结构图的绘制如图4-1-4所示。

1.后片

（1）取女上衣原型，用长虚线画出原型轮廓线，标明前、后片所有省道线，腰线抬高1.5cm。

（2）后领口开宽3.5cm，后领口开深1.2cm，确定连衣裙后中长。

（3）后中收腰1.5cm，上下画顺作背中弧线。

（4）袖窿深抬高1.5cm，确定后胸围为$B/4-0.5$cm。

（5）确定后腰围为$W/4-0.5$cm$+2.5$cm（腰省宽）。

（6）距腰线18cm处作臀高线，确定后臀围为$H/4+0.5$cm。

（7）确定后腰省位置，确定后省尖点位置，取省根宽2.5cm，向上作上衣腰省，向下作裙腰省。

（8）连接后胸围侧点、腰围侧点、臀围侧点和裙摆侧点作侧缝线，作裙底摆线。

（9）后肩缝留0.3cm松量，肩端砍肩0.7cm，合并剩余肩省，后袖窿剪开，将松量0.7cm转移至后袖窿，取后肩宽1/2，外加0.3cm得到肩端点。

（10）重新画顺袖窿弧线。

（11）用粗线将各点连成轮廓线。

2.前片

（1）前领口开宽4cm，开深2cm，作前领弧线。

（2）前肩宽=后肩宽-0.3cm。

（3）胸省处保留0.7cm松量。

（4）袖窿深抬高1.5cm，确定前胸围为$B/4+0.5$cm。

（5）确定后腰围为$B/4+0.5$cm+2.5cm（腰省宽）。

（6）距腰线18cm处作臀高线，确定前臀围$H/4-0.5$cm。

（7）胸高点向侧缝偏移1cm确定前腰省尖点，取前腰省根宽2.5cm，向上作上衣腰省，向下作裙腰省。

（8）连接前胸围侧点、腰围侧点、臀围侧点和裙摆侧点作侧缝线和裙底摆线。

（9）侧缝胸围下降7.5cm后联结BP点作出腋下省线。

（10）合并胸省，转移至腋下省线，作出腋下省凸量，省尖点距BP点4cm。

（11）重新画顺袖窿弧线。

（12）用粗线将各点连成轮廓线。

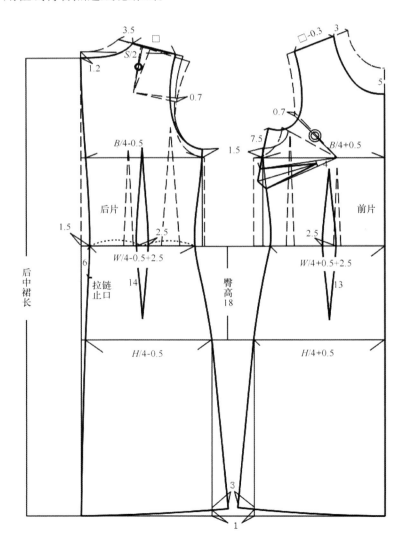

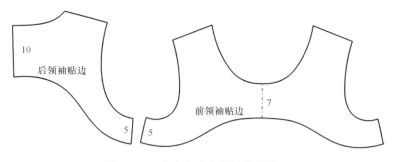

图4-1-4　基本款连衣裙结构设计图

知识链接

旗袍的款式结构特征

旗袍（图4-1-5）是中国女性的传统服饰，也是最能表现东方女性美的经典服饰。旗袍是根据人体自身胸、腰、臀之差的曲线来体现服装的廓形，它是一种合体连身裙的结构，胸围、腰围、臀围比较贴体，胸围和臀围放松量一般为4~6cm，腰围放松量一般为3~4cm。

款式特征：立领、袖子可以是连袖或无袖、短袖、长袖，右偏襟，前身收胸省、腰省，后身收腰省，领口和偏襟处钉纽扣两副，偏襟、下摆和开衩处均嵌滚边。

号型160/84A的成品尺寸见表4-1-2。

表 4-1-2　160/84A 旗袍的成品尺寸

部位名称	裙长	胸围	腰围	臀围	肩宽	领围	前腰长	袖长
成品尺寸（cm）	85	88	72	94	37	37	40	7

图4-1-5　旗袍

子任务二　基本款连衣裙制作工艺

任务目标

1. 正确完成连衣裙领和袖的贴边、隐形拉链的制作。
2. 能按工艺单的各项工艺要求做好连衣裙制作的准备工作。
3. 能识别不同面料的纱的方向，正确排料，完成连衣裙面料裁剪的过程。
4. 能按正确的工艺流程和方法完成连衣裙的制作与熨烫。
5. 能对所制作的连衣裙做全面的质量检验。

任务描述

该任务主要是学会按照工艺单的各项要求完成整件基本款连衣裙的工艺制作，掌握基本款连衣裙的制作工艺要点和工艺流程，对所制作的连衣裙做质量检验。

任务要求

1. 准备好裁剪工具、缝纫工具和熨烫设备。
2. 准备好制作基本款连衣裙的面辅料。
3. 对面料进行预缩。
4. 认真阅读工艺单要求。

任务实施

一、阅读工艺单

基本款连衣裙的制作工艺单见表4-1-3。

表4-1-3　基本款连衣裙的制作工艺单

| 客户： | | 款式：基本款连衣裙 |

面辅料	面辅料清单	
	规格要求	单件耗料
面料	幅宽145cm	1.4m
黏合衬	纸黏合衬，幅宽90cm	0.5m
隐形拉链	60cm长	1条
塔线	配色缝纫线604，锁边线402	1个

系列规格表				单位：cm	制作日期：
号型	155/80A S	160/84A M	165/88A L	170/92A XL	
后中裙长		90			
胸围		90			
腰围		74			
肩宽		35			

操作流程

前、后领及袖贴边，粘衬→收前、后片腋下省、腰省→烫倒省道→装后中隐形拉链→装前、后领及袖贴边→缝合面、里肩缝→缝合面、里侧缝→前、后领、袖贴边封口→肩缝、侧缝双锁边→领口、袖口翻烫定形→卷裙裙摆→同→全面熨烫整烫

裁剪及制作工艺说明

1. 丝绺正确，不遗漏对位刀口和定位钻孔；排料合理，面料反面划样
2. 针距13～14针/3cm
3. 收省：收省顺直，省尖不起坑松散，熨烫定形
4. 隐形拉链：隐形拉链左右高低一致，拉链不能外露，缝止平服
5. 领口、袖口：贴边不反吐，下端封口平服，整烫平服，不起波；领圈、袖隆圈弧线圆顺
6. 裙摆：折边宽窄一致，不起扭，缝线平整、均匀

领口、袖口
贴边粘衬

装隐形拉链

装隐形拉链　收省

正面　　背面　　后片

1.5

二、裁片数量（表4-1-4）

表4-1-4　裁片数量

名称	前片	后片	前贴边	后贴边
面料数量	1片	2片	2片	2片
黏合衬数量			2片	2片

三、基本款连衣裙排料

放缝、文字及纱向标注、排料、幅宽如图4-1-6所示。

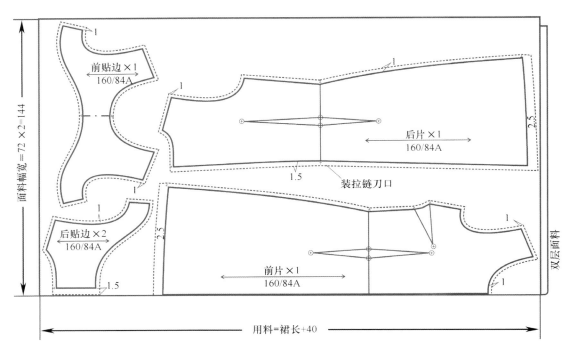

图4-1-6　基本款连衣裙排料图

四、整件制作工艺操作

制作工艺操作详见本教材配套光盘。

五、工艺质量检验标准

基本款连衣裙工艺质量检验标准见表4-1-5。

表 4-1-5 基本款连衣裙工艺质量检验标准

序号	评价内容	工艺标准	分值	评分
1	外观造型	成品外观与款式相符、产品整洁、各部位熨烫平服、无线头、无污渍、无极光、无死痕、无烫黄、无变色	20	
2	经纬纱向	各部位丝缕正确、顺直平整	10	
3	针距要求	14针/3cm	5	
4	成品尺寸公差要求	裙长：±1cm　　胸围：±2cm 肩宽：±0.8cm　　腰围：±2cm	10	
5	重要部位质量要求	收省：省位左右长短一致，收省顺直，省尖不起坑松散	10	
		隐形拉链：拉链不外露，拉链下端封口严密，领口齐平	15	
		领口、袖口：边沿不吐里，弧线圆顺	15	
		底摆：卷边宽窄一致，平整不起扭	5	
6	制作时间	在规定时间（4h）内完成	10	

任务二　褶裥连衣裙结构设计与制作工艺

子任务一　褶裥连衣裙结构设计

任务目标

1. 认识褶裥连衣裙的分类和款式特点。

2. 能测量人体尺寸，确定褶裥连衣裙成品规格。

3. 能用女上衣原型绘制1：5和1：1连衣裙结构设计图。

4. 学会在前胸分割线上收省和三只工字褶裥的结构设计方法。

5. 结构设计图标注的纱向、符号、文字要符合作图规范。

任务描述

该任务主要是掌握褶裥连衣裙结构设计的过程：人体测量→成品规格的确定→作连衣裙结构图，确定分割线和收省位置及其结构变化原理，确定工字褶裥位置，作出裙子工字褶裥结构并控制好褶量大小。

任务要求

1. 学生准备好制图工具。

2.教师准备上衣原型一份，利用上衣原型进行结构设计。

3.教师准备前胸分割褶裥连衣裙一件。

4.教师引导学生共同分析款式图，包括款式分析、成品尺寸分析、结构分析、工艺分析。

任务实施

一、分析款式特征（图4-1-7）

图4-1-7　褶裥连衣裙款式

（1）裙长设计：中长裙长，在膝盖以下5～10cm为宜。

（2）前后裙身设计：中腰分割背心裙，前腰口收工字褶裥三只，后腰口收工字褶裥两只；前片领胸弧形分割线，胸部左右各收短省一只；后中断缝，左右各收腰省一只。

（3）开口设计：裙后中断缝，装隐形拉链至裙身。

（4）领袖口设计：无领无袖，领口至袖口采用整块贴边工艺。

（5）面料运用：采用棉、麻、雪纺纱等混纺面料。

二、确定作图尺寸（表4-1-6）

表 4-1-6　作图尺寸　　　　　　　　　　　　　　　　　　　　　　　　　单位：cm

号型	部位名称	后中裙长	胸围	腰围	肩宽
160/84A	成品尺寸	85	88	72	34

三、绘制结构图

各部分结构图的绘制如图4-1-8和图4-1-9所示。

1.后片

（1）取女上衣原型，用长虚线画出原型轮廓线，标明前、后片所有省道线，腰线抬高1.5cm。

（2）后领口开宽4cm，后领口开深2cm，确定连衣裙后中长。

（3）后中收腰1.5cm，上下画顺作背中弧线。

（4）袖窿深抬高1.5cm，确定后胸围为$B/4-0.5cm$。

（5）确定后腰围为$W/4-0.5cm+2.5cm$（腰省宽）。

（6）距腰线18cm处作臀高线，确定后臀围为$H/4-0.5cm$。

（7）确定后腰省位置，确定后省尖点位置，取省根宽2.5cm，向上作上衣腰省，向下作裙腰省。

（8）裙后腰线下降1cm作腰口弧线。

（9）连接胸围侧点、腰围侧点和臀围侧点作侧缝线，作裙底摆线。

（10）后肩缝留0.3cm松量，肩端砍肩0.7cm，合并剩余肩省，后袖窿剪开，将松量0.7cm转移至后袖窿，取后肩宽/2得到肩端点。

（11）作袖窿弧线。

（12）用粗线将各点连成轮廓线。

2.前片

（1）前领口开宽4cm，开深2cm，作前领弧线。

（2）前肩宽=后肩宽-0.3cm。

（3）胸省处保留0.7cm松量。

（4）袖窿深抬高1.5cm，确定前胸围为$B/4+0.5cm$。

（5）确定前腰围为$W/4+0.5cm+2.5cm$（腰省宽）。

（6）距腰线18cm处作臀高线，确定前臀围$H/4+0.5cm$。

（7）胸高点向侧缝偏移4cm确定前腰省尖点，取前腰省根宽2.5cm，向上作上衣腰省，向下作裙腰省。

（8）确定领口弧线分割点，作领胸分割线，距胸围线3.5cm处作领胸分割线上的斜向短省道。

（9）合并胸省，转移至领胸分割线中，余下尾省量转移至斜向短省道处，省尖点距BP点1cm。

（10）重新画顺袖窿弧线和领胸分割线。

（11）用粗线将各点连成轮廓线。

3.前裙片

（1）将裙腰省合并。

（2）确定前片开褶的位置，作三条分割线，剪切三条分割线后展开工字褶裥，腰口褶量展开10cm，裙摆褶量展开12cm。

（3）用粗线将各点连成轮廓线。

4. 后裙片

作图步骤与前片相同。

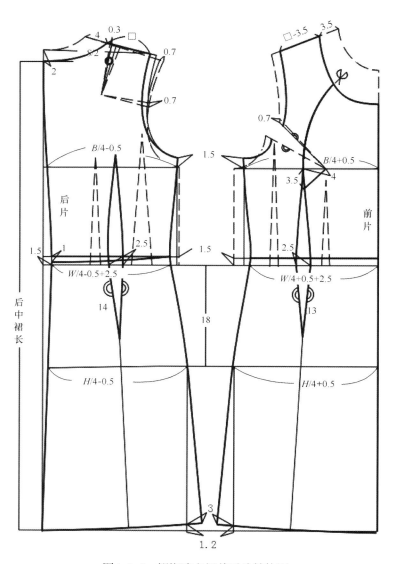

图4-1-8　褶裥连衣裙前后片结构图

图4-1-9　褶裥连衣裙分解图

四、褶裥连衣裙结构设计要点分析

（1）连衣裙腰线一般提高1.5cm。

（2）无袖连衣裙袖窿一般提高1.5cm。

（3）在领胸分割线上作短胸省，领胸分割线需要距离BP点4cm左右。

（4）后裙片腰线比后衣片腰线下降1cm。

五、任务拓展训练

芭比娃娃试新衣——利用手边的零碎布头，动手给芭比娃娃做一件小礼服（图4-1-10）。

图4-1-10　芭比娃娃款式图

子任务二　褶裥连衣裙制作工艺

任务目标

1. 正确完成收工字褶裥、褶裥熨烫、弧线拼缝等关键工序的制作。
2. 能按工艺单的各项工艺要求做好连衣裙制作的准备工作。
3. 能识别不同面料的纱的方向，正确排料，完成连衣裙面料裁剪的过程。
4. 能按正确的工艺流程和方法完成连衣裙的制作与熨烫。
5. 能对所制作的连衣裙做全面的质量检验。

任务描述

该任务主要是学会按照工艺单的各项要求完成整件胸分割褶裥连衣裙的工艺制作，掌握连衣裙的制作工艺要点和工艺流程，对所制作的连衣裙做质量检验。

任务要求

1. 准备好裁剪工具、缝纫工具和熨烫设备。
2. 准备好制作前胸分割褶裥连衣裙的面辅料。
3. 对面料进行预缩。
4. 认真阅读工艺单要求。

任务实施

一、阅读工艺单

褶裥连衣裙的制作工艺单见表4-1-7。

表4-1-7　褶裥连衣裙的制作工艺单

客户：		款式：前胸分割褶裥连衣裙			制作日期：

连衣裙系列规格表　　单位：cm

号型	155/80A S	160/84A M	165/88A L	170/92A XL
后中裙长		85		
胸围		88		
腰围		74		
肩宽		35		

面辅料清单

面辅料	规格要求	单件耗料
面料	规格145cm，幅宽90cm	1.5m
粘衬	纸粘衬，幅宽90cm	0.5m
隐形拉链	长60cm	1条
塔线	配色缝纫线604，锁边线402	1个

工艺操作流程

前、后领，袖贴边，粘衬→收前胸省，后腰省→烫倒省道→拼前胸分割线→收省，后裙褶裥→熨烫定形裙褶裥→组合前、后上下裙片→腰缝双锁边，熨倒后压明线→后中单锁边→装后中隐形拉链→装前、后领，袖贴边→缝合面，里肩缝→前、后领，袖缝，袖贴边封口→肩缝、侧缝双锁边→袖口翻烫定形→领口翻烫定形→卷缉裙摆一周→全面整烫

裁剪及制作工艺说明

1. 丝缕正确，不遗漏对位刀口和定位钻孔；排料合理，面料反面划样
2. 针距13～14针/3cm
3. 分割线及收省：分割线顺畅，收省顺直，省尖不起坑松散，熨烫定形
4. 裙褶裥：位置正确，熨烫定形效果好
5. 隐形拉链：隐形拉链及领口中腰缝拼领口左右高低一致，拉链不能外露，豁开，拉链封口平直，下端封口平服
6. 腰缝：前后腰缝拼缝对位准确
7. 领口，袖口：贴边不反吐，整烫平服，不起饺；领圈、袖窿圈弧线圆顺，均匀
8. 裙摆：折边宽窄一致，不起扭，缉线平整，均匀

装隐形拉链　收省　工字褶裥　0.1　1.5

二、裁片数量（表4-1-8）

表 4-1-8　裁片数量

名称	前中片	前侧片	前裙片	后片	后裙片	前贴边	后贴边
面料数量	1 片	2 片	1 片	2 片	2 片	2 片	2 片
粘衬数量						2 片	2 片

三、褶裥连衣裙排料

放缝、文字纱向标注、排料、幅宽如图4-1-11所示。

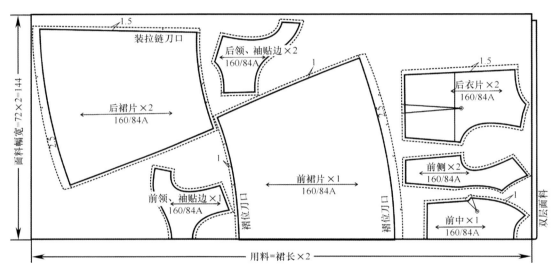

图4-1-11　褶裥连衣裙排料图

四、整件制作工艺操作

制作工艺操作详见本教材配套光盘。

五、工艺质量检验标准

褶裥连衣裙工艺质量检验标准见表4-1-9。

表 4-1-9　褶裥连衣裙工艺质量检验标准

序号	评价内容	工艺标准	分值	评分
1	外观造型	成品外观与款式相符、产品整洁、各部位熨烫平服、无线头、无污渍、无极光、无死痕、无烫黄、无变色	20	
2	经纬纱向	各部位丝绺正确、顺直平整	10	
3	针距要求	14针/3cm	5	
4	成品尺寸公差要求	裙长：±1 cm　胸围：±2 cm 肩宽：±0.8cm　腰围：±2 cm	10	
5	重要部位质量要求	收褶：工字褶位置准确、左右对称、造型顺直、熨烫平整、定形效果良好	10	
		隐形拉链：拉链不外露、拉链下端封口严密、领口齐平	15	
		领口、袖口：边沿不吐里、弧线圆顺	15	
		底摆：卷边宽窄一致、平整不起扭	5	
6	制作时间	在规定时间（4h）内完成	10	

任务三　高腰分割连衣裙结构设计

任务目标

1. 认识高腰分割连衣裙的分类和款式特点。
2. 能测量人体尺寸，确定高腰分割连衣裙成品规格。
3. 能用女上衣原型绘制1∶5和1∶1前胸抽褶衬衣结构设计图。
4. 学会连衣裙高腰位和前胸抽褶的结构设计方法。
5. 结构设计图标注的纱向、符号、文字要符合作图规范。

任务描述

该任务主要是掌握高腰分割连衣裙结构设计的过程：人体测量→成品规格的确定→作高腰分割连衣裙结构图，理解前胸皱褶所在的位置确定，皱褶结构变化原理以及掌握前胸抽褶量大小的控制。

任务要求

1. 学生准备好制图工具。

2.教师准备上衣原型一份，利用上衣原型进行结构设计。

3.教师准备一件高腰分割连衣裙。

4.教师引导学生共同分析款式图，包括款式分析、成品尺寸分析、结构分析、工艺分析。

任务实施

一、分析款式特征（图4-1-12）

图4-1-12　高腰分割连衣裙款式

（1）裙长设计：中长裙长，至膝盖附近为宜。

（2）裙型设计：高腰分割A形波浪裙。

（3）前后裙身设计：高腰腰带分割，胸围处左右各收两只褶，后片背弧形分割线；后腰左右各收省一只，后中裙身短断缝。

（4）开口设计：裙右侧装隐形拉链。

（5）领袖口设计：圆形分割领口，前中挖洞设计，无袖。

（6）面料运用：采用棉、麻、涤纶等混纺面料。

二、确定作图尺寸（表4-1-10）

表 4-1-10　作图尺寸

单位：cm

号型	部位名称	后中裙长	胸围	腰围	肩宽
160/84A	成品尺寸	90	88	72	34

三、绘制结构图

结构图的绘制如图4-1-13所示，分四步。

1. 后片

（1）取女上衣原型，用长虚线画出原型轮廓线，标明前、后片所有省道线。

（2）腰线抬高1.5cm，取高腰宽4.5cm。

（3）后领口开宽7cm，后领口开深4cm，确定连衣裙后中长。

（4）后中收腰1.5cm，上下画顺作背中弧线。

（5）袖窿深抬高1.5cm，确定后胸围为$B/4-0.5$cm。

（6）确定后腰围为$W/4-0.5$cm+2.5cm（腰省宽）。

（7）距腰线18cm处作臀高线，确定后臀围为$H/4-0.5$cm。

（8）确定后腰省位置，确定后省尖点位置，取省根宽3cm，向上作上衣腰省，向下作裙腰省，在高腰宽段腰省作直线，高腰处腰省合并后得到后腰头。

（9）裙后腰线下降1cm作腰口弧线。

（10）连接胸围侧点、腰围侧点和臀围侧点作侧缝线，作裙底摆线。

（11）在后肩线上取肩宽4cm，作领平行弧线。

（12）作袖窿弧线。

（13）将裙腰省合并。

（14）确定后片展开波浪褶的位置，作分割线，剪切分割线后裙摆褶量展开8cm。

（15）用粗线将各点连成轮廓线。

2. 前片

（1）前领口开深4.5cm，开宽6.5cm，作前领弧线，作领平行弧线，作前领V衩。

（2）前肩宽=后肩宽-4cm。

（3）袖窿深抬高1.5cm，确定前胸围为$B/4+0.5$cm。

（4）确定后腰围为$B/4+0.5$cm+2.5cm（腰省宽）。

（5）距腰线18cm处作臀高线，确定前臀围$H/4+0.5$cm。

（6）胸高点向侧缝偏移1cm确定前腰省尖点，取前腰省根宽2.5cm，向上作上衣腰省，向下作裙腰省，在高腰宽段腰省作直线，高腰处腰省合并后得到前腰头。

（7）确定领口弧线分割点，作领胸分割线，距胸围线3.5cm处作领胸分割线上的斜向短省道。

（8）合并胸省转移至领前腰省中，将新得到的省量分解为两只褶，两只褶间隔1.5cm。

（9）重新画顺袖窿弧线和领胸分割线。

（10）将裙腰省合并。

（11）确定前片展开波浪褶的位置，作分割线，剪切分割线后裙摆褶量展开8cm。

（12）用粗线将各点连成轮廓线。

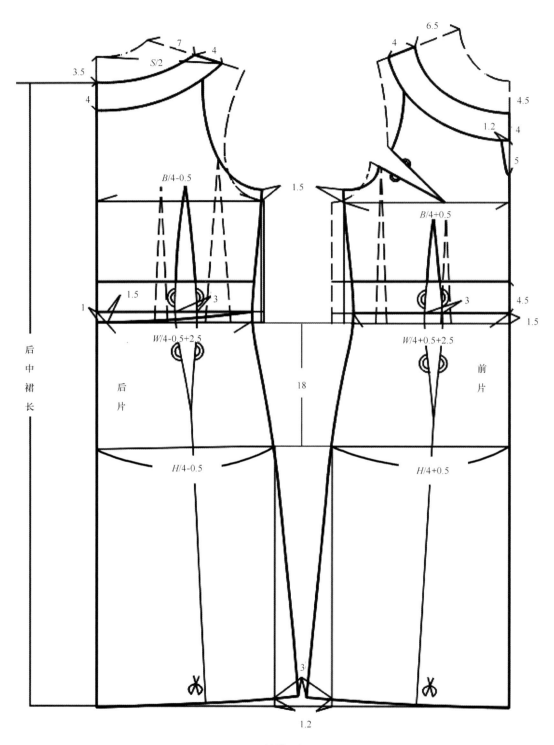

(a)第一步

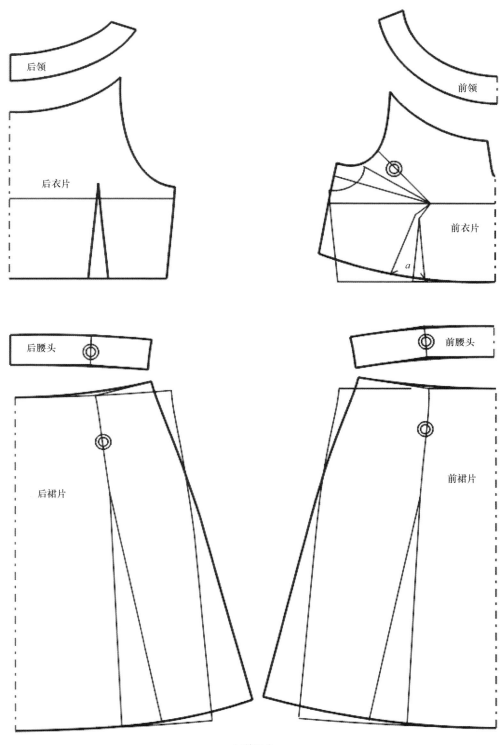

(b)第二步

图4-1-13

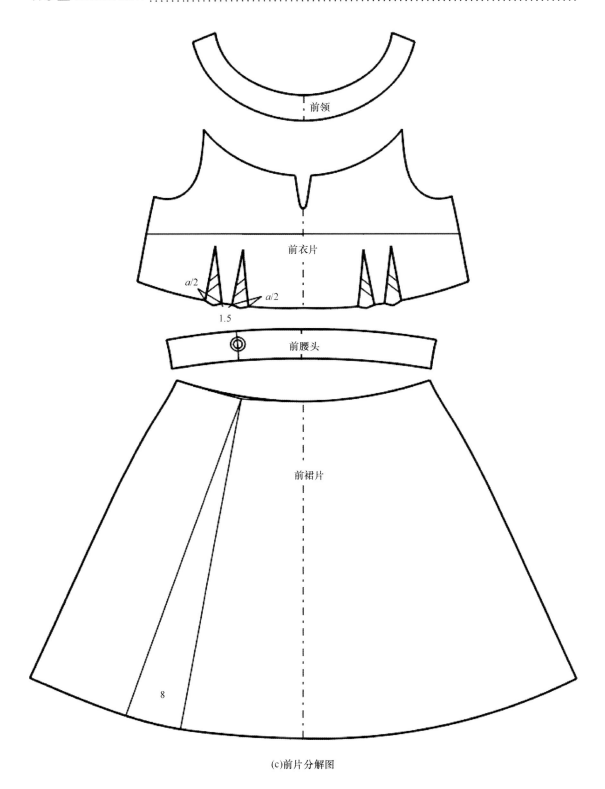

前领

前衣片

a/2   *a*/2

1.5

前腰头

前裙片

8

(c)前片分解图

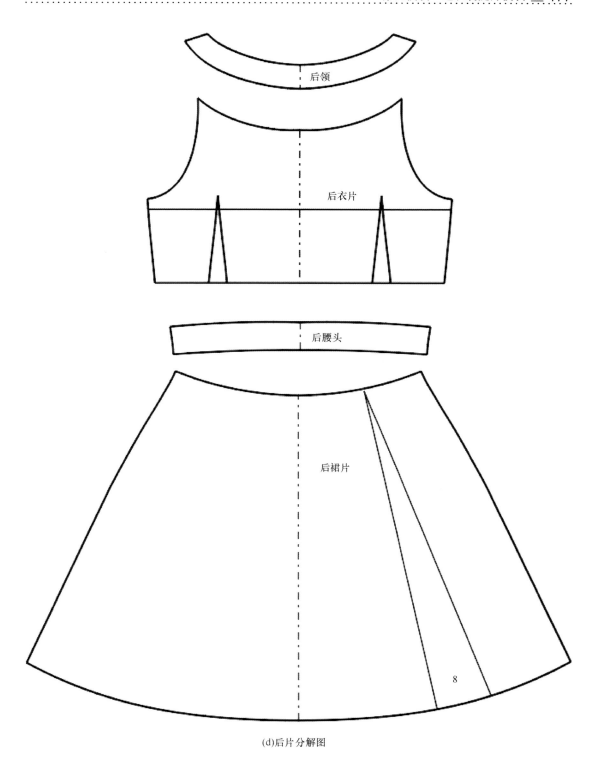

后领

后衣片

后腰头

后裙片

8

(d)后片分解图

图4-1-13　高腰分割连衣裙结构图

四、高腰分割连衣裙结构设计要点分析

（1）连衣裙腰线一般提高1.5cm，高腰分割的位置一般在腰线往上5～6cm处。

（2）无袖连衣裙袖窿一般提高1.5cm。

（3）袖窿胸省可以全部转成胸褶，胸褶可以是抽细褶也可以是并分解为两个、三个或者多个规律褶，当褶量不够用时需要另外追加。

（4）后裙片腰线中心低落1cm。

（5）裙身部分可以自由设计为斜裙、波浪裙、半圆裙或整圆裙。

任务拓展训练

运用上衣原型，动手给自己做一件漂亮的睡裙（图4-1-14）。

图4-1-14　睡裙款式图

第五模块　合体夹里装拓展模块

项目　女西服结构设计与制作工艺

任务一　刀背缝分割女西服结构设计与制作工艺

子任务一　刀背缝分割女西服结构设计

任务目标

1. 认识刀背缝分割女西服的分类和款式特点。
2. 能测量人体尺寸，确定刀背缝分割女西服成品规格。
3. 能用女上衣原型绘制1∶5和1∶1刀背缝分割女西服结构设计图。
4. 重点学会翻驳领和合体两片袖的结构设计方法。
5. 能绘制女西服里料结构设计图。

任务描述

该任务主要是先对女西服的分类和款式特点有一个初步的了解，再认识刀背缝分割女西服的各部位名称，然后掌握刀背缝分割女西服规格尺寸的确定方法，并绘制出一份完整的刀背缝分割女西服前片、后片及袖片的结构图，同时理解刀背缝分割女西服的结构设计要点。

知识准备

20世纪初，由外套和裙子组成的套装成为西方女性日间的一般服饰，女性出席宴会等正式场合大多穿正式礼服。现代合体女西服套装多数限于商务场合，西服可配裙子也可配裤子，适合上班和日常穿着，款式时尚大方，呈现当代都市白领女性的庄重大方。女西服版型较合体，采用翻驳领、两粒扣，合体两片袖设计，背后独特的弯刀线设计更显修身效果，体现女性身型的曲线美。选用面料为厚度适中的涤纶混纺面料，挺括丰满、不易起皱，女西服种类繁多，基本分为以下几大类（图5-1-1）。

一、按西服长短分类

分为短款西服、中长款西服、长款西服。

二、按衣身结构分类

分为三开身西服和四开身西服。

三、按扣子的数量和排列分类

分为单排扣西服和双排扣西服，再次分为单排一粒扣西服、两粒扣西服、三粒扣西服、四粒扣西服；双排扣两粒扣西服、双排扣四粒扣西服、双排扣六粒扣西服等。

四、按翻驳领结构特征分类

1. 按串口线设计分类

领面与驳头通过串口线连在一起的翻驳领，有长驳头、中驳头、短驳头、宽驳头、窄驳头；有的翻驳领没有串口线，领面和驳头是一个整体，如青果领。

2. 按翻驳领几何造型分类

分为枪驳领、方角领、圆角领、尖角领。

3. 按翻驳领变化形态分类

分为立驳领、登驳领、重叠领、双层领、弯驳领、不对称领等。

(a)单排一粒扣枪驳领　　(b)单排三粒扣平驳领　　(c)单排两粒扣青果领　　(d)单排一粒扣不对称领

(e)双排六粒扣枪驳领　　(f)双排六粒扣平驳领　　(g)双排四粒扣低驳领　　(h)双排四粒扣登驳领

图5-1-1　女西服种类

五、认识女西服翻驳领的各部位名称（图5-1-2）

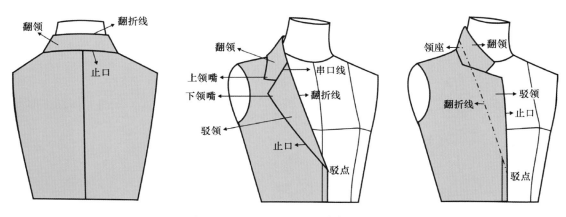

图5-1-2　女西服翻驳领的各部位名称

任务要求

1. 学生准备好制图工具。

2. 教师准备上衣原型一份，利用原型进行结构设计。

3. 教师准备刀背缝分割女西服一件。

4. 师生共同分析款式图，包括款式分析、结构分析、成品尺寸分析、工艺分析。

任务实施

一、分析款式特征（图5-1-3）

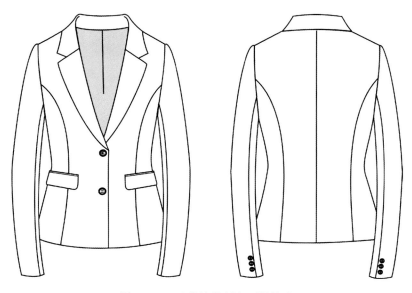

图5-1-3　刀背缝分割女西服款式

（1）衣长设计：中长装，衣长以臀围线向上2~3cm处为宜，单排两粒扣。

（2）衣身设计：衣身版型呈收腰合体型，前、后片弧形刀背分割线设计，后中断背缝，前片开加袋盖的双嵌线的开袋。

（3）袖子设计：合体式两片袖，袖口开假衩，钉扣三粒，袖长至手腕处。

（4）领子设计：平驳头翻驳领。

（5）面料运用：面料多采用中厚型薄呢、混纺、化学纤维面料。

二、确定作图尺寸（表5-1-1）

表 5-1-1　作图尺寸　　　　　　　　　　　　　　　　　　　　　　　　　　　单位：cm

号型	部位名称	衣长	胸围	腰围	摆围	肩宽	袖长	半袖口
160/84A	成品尺寸	60	94	74	94	38	58	12.5

三、绘制结构图

各部分结构图的绘制如图5-1-4所示，分两步。

1. 后片

（1）取女上衣原型，用长虚线画出原型轮廓线，标明前、后片所有省道线。

（2）取女西服前衣长，前衣长线上抬1.5cm后作为后中衣长。

（3）后中收腰1.5cm，上下画顺作背中弧线。

（4）确定后胸围为$B/4-0.5cm$。

（5）侧腰收进1.5cm，底摆侧缝外加1.5cm。

（6）后领开宽0.8cm，后肩省留0.5cm作为松量，肩端砍肩0.5cm，合并剩余肩省，后袖窿剪开，将松量转移至后袖窿。

（7）从后中领深点量至后肩斜线，取肩宽/2为后肩宽。

（8）重新修顺袖窿弧线，从肩点沿袖窿线下量11.5cm作为刀背分割起点。

（9）确定后腰省位置，确定前、后省尖点位置，取省根宽3cm。

（10）联结刀背分割起点和省根宽点，作出两条完整的刀背分割线。

（11）重新修正底摆线。

（12）用粗线将后片各点连成轮廓线。

2. 前片

（1）前领口打开0.5cm宽的领省量。

（2）前领开宽0.8cm，取前肩宽=后肩宽-0.5cm。

（3）胸省处保留松量与后袖窿松量相等。

（4）确定前胸围为$B/4+0.5cm$。

（5）侧腰收进1.5cm，底摆侧缝起翘1.5cm，外加1.5cm作侧缝线及底摆弧线。

（6）腰线向上5cm确定第一颗扣位，第二颗扣位距离第一颗10cm。

（7）第一颗扣位由中心线向外取搭门宽2.5cm，作为翻折线起点，领宽点延长2.3cm

作为翻折线止点，联结起止点作翻折线。

（8）用虚线画出翻驳领的效果，以翻折线为对称轴作出翻驳领廓形，画出前片各处轮廓线。

（9）省尖点偏移1.5cm，取省宽3cm，下省尖点距底摆2cm，联结省宽点和省尖点，作出完整腰省。

（10）在前肩线上作一条辅助线至BP点，将胸省转移至此处。

（11）画顺完整袖窿弧线，从肩点沿袖窿弧线向下9.5cm确定前刀背分割点。

（12）合并肩省，省量转移至前刀背分割线上。

（13）重新画顺刀背分割线，重新画顺袖窿弧线。

（14）用粗线将前片各点连接成轮廓线。

（15）确定前双嵌挖袋位置，袋口宽=$B/10+3$cm。

3. 领子

（1）通过前领宽点作翻折线的平行线，长度取翻领宽+领座宽=$a+b$。

（2）以前领宽点为圆心，以$a+b$宽为半径，取倒伏量=$2\times(b-a)$，画线段，在此线段上量取后领弧长◎。

（3）作此线段的垂线，量取翻领宽+领座宽=$a+b$=4cm+3cm=7cm。

（4）连顺领外沿弧线，联结各点得到领子轮廓线，作出翻折线。

（5）领子分为领面和领底，领底分成两片，以45°斜纹拼缝。

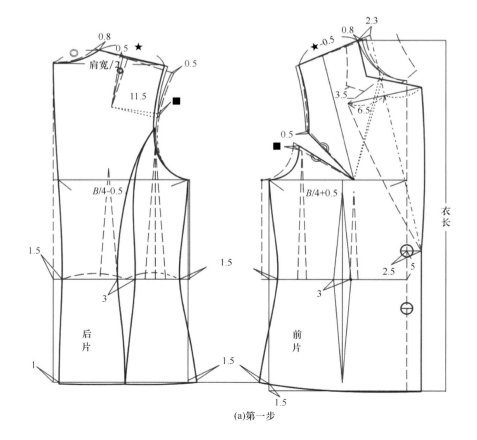

(a)第一步

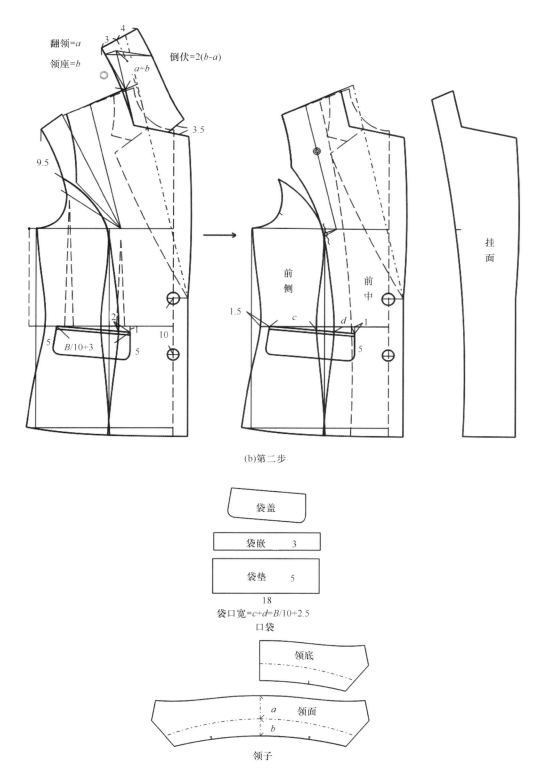

(b)第二步

袋口宽=c+d=B/10+2.5

图5-1-4 刀背缝分割女西服衣身结构设计图

4. 袖子（图5-1-5）

（1）将衣身前后的袖窿弧线拷贝出来。

（2）确定袖山高度。将侧缝线向上延长作为袖山线，并在该线上确定袖山高。由前后肩点高度的1/2位置点到BL线之间的高度，取其5/6作为袖山高。

（3）确定袖长。

（4）作袖山斜线，确定袖肥。由袖山顶点开始，向前片的BL线取斜线长等于（前）$AH-0.5cm$，向后片的BL线取斜线长等于（后）$AH+0.5cm$。

（5）前袖山斜线分成四等份，后袖山斜线分成两等份，前后中点作两垂线至袖口线，以两垂线为对称轴分别将前后袖山弧线对称画到前后袖肥点上。

（6）前袖山斜线第一等分点上取1.8cm，中点下移1cm，下段取与衣身的前袖窿弧线相似形，作前袖山弧线。

（7）将前袖的第一等分点对称至后袖，取1.9cm，下段取与衣身的后袖窿弧线的相似形，作后袖山弧线。

（8）画顺前后袖山弧线，要求光滑流畅，没有凹凸折角。

（9）前袖肥分中线左右各取3cm作前袖偏袖线，袖肘处偏袖凹进0.8cm作轮廓线，后袖肥分中线左右各取1.5cm作后袖偏袖点。

（10）作出大袖完整的轮廓线。

（11）袖口下量1cm作短线段，前袖肥分中线与袖口线交点量至短线段为1/2袖口。

（12）作后偏袖轮廓线。

（13）以前后袖肥中线为对称轴作出小袖完整的轮廓线。

（14）用粗线将各点连成两片袖轮廓线。

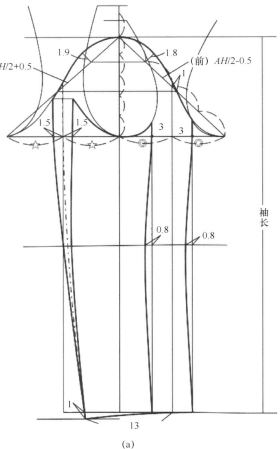

（a）

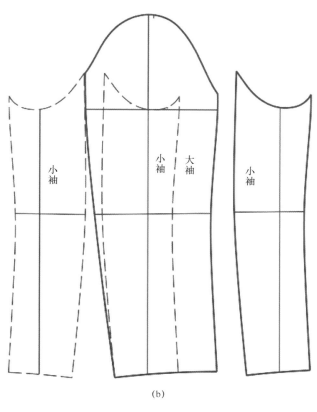

(b)

图5-1-5　袖子作图

5.里布

里布结构图如图5-1-6所示。

四、刀背缝分割女西服结构设计要点分析

（1）前胸省转移分解为两步。第一步转至肩省，让前袖窿变成一条完整的弧线后再确定刀背分割点；第二步再将肩省量合并，转移至刀背分割线上。

（2）领子的倒伏量设计比较关键，需要考虑三个因素。

①翻领宽和领座宽的配比。

②第一颗扣的位置。

③翻驳领的串口线结构。

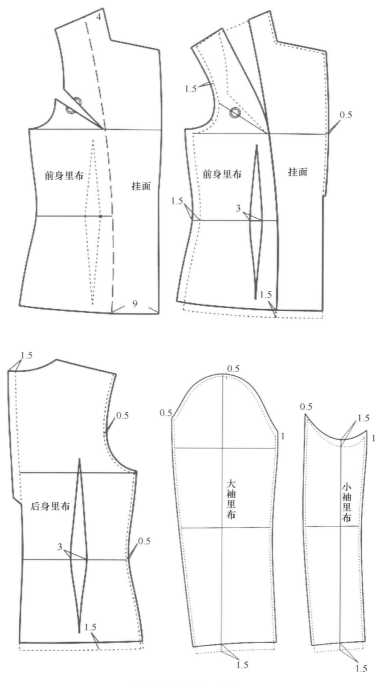

图5-1-6　里布作图

任务拓展训练

根据所给的款式图片（图5-1-7），列出其成品尺寸，再作出1∶1结构图。

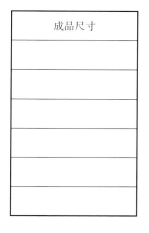

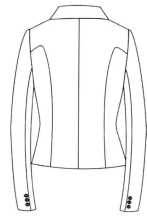

成品尺寸

图5-1-7　女西服款式图

子任务二　刀背缝分割女西服制作工艺

任务目标

　　1. 正确完成女西服大身粘衬、西服袋、敷挂面、拼弧形分割线、做袖子、做领子、绱袖、绱领等重点工序的制作。

　　2. 能按工艺单的各项工艺要求做好女西服制作的准备工作。

　　3. 能识别不同面料的纱的方向，正确排料，完成女西服面料裁剪的过程。

　　4. 能按正确的工艺流程和方法完成女西服的制作与熨烫。

　　5. 能对所制作的女西服做全面的质量检验。

任务描述

　　该任务主要是学会按照工艺单的各项要求完成整件刀背分割女西服的工艺制作，掌握刀背分割女西服的制作工艺要点和工艺流程，对所制作的女西服作质量检验。

任务要求

　　1. 每人准备好裁剪工具、缝纫工具和熨烫设备。

　　2. 每人准备好制作刀背分割女西服的面辅料。

　　3. 对面料进行预缩。

　　4. 认真阅读工艺单要求。

任务实施

一、阅读工艺单

　　刀背缝分割女西服制作工艺单见表5-1-2。

表5-1-2 刀背缝分割女西服制作工艺单

客户：		款号：		款式：刀背缝分割女西服	制作日期：

面辅料清单

面辅料	规格要求	单件耗料	使用部位
面料	幅宽145cm	衣长＋袖长＋20cm	前片、后片、袖子、挂面、领子
里料	幅宽150cm	衣长＋袖长＋10cm	前片、后片、袖子
粘衬	无纺衬，幅宽90cm	60cm	前片、挂面、领面、袖口、袋盖面
扣子	直径2.4cm	1颗	前里襟
搭线	配色缝纫线604	1个	面、里缝线

女西服系列规格表 单位：cm

号型	155/80A S	160/84A M	165/88A L	170/92A XL
前衣长		60		
胸围		92		
腰围		74		
肩宽		37		
袖长		58		
半袖口		12.5		

工艺操作流程

裁片粘衬→拼合后中缝，前后分割缝→开前双嵌袋→缝领子→做领子→拼合侧缝，肩缝→做领子→缝领子→做袖子（缝合后袖缝，做袖衩）→绱袖子→绱里布→做里布→装里布→固定面里布和袖口→缝合下摆→袖子留口翻身→清剪线头，锁眼，钉扣→全面整烫

裁剪及制作工艺说明

1. 丝缕正确。不遗漏对位刀口和定位钻孔；排料合理。面料反面划样
2. 针距13～14针/3cm
3. 分割线缝合光滑流畅
4. 领子领面平服，止口不外吐，串口，驳口顺直，左右驳头宽窄一致，领嘴大小对称
5. 两嵌袋左右袋位置一致，袋口大小一致，袋口开法正确，无毛脚，袋盖与袋宽窄相适应，袋盖与袋身布纹一致
6. 绱袖圆顺，吃势均匀，两袖前后，长短一致
7. 里布平服，挂面平服。底边平服，面、里、衬服帖，里子折边宽窄一致

里布做背褶　双嵌袋借袋盖　开假衩钉三颗扣

二、裁片数量（表5-1-3）

表 5-1-3　裁片数量

名称	前中	前侧	后中	后侧	大袖	小袖	领面	领底	挂面	袋盖
面料数量	2片	2片	2片	2片	1片	2片	1片	1片	2片	2片
粘衬数量	2片	2片					1片		2片	2片

三、刀背缝分割女西服排料

放缝、文字及纱向标注、排料、幅宽如图5-1-8所示。

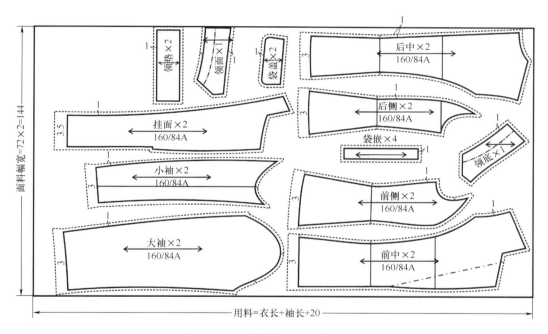

图5-1-8　刀背缝分割女西服排料图

三、整件制作工艺操作

制作工艺操作详见本教材配套光盘。

四、工艺质量检验标准

刀背缝分割女西服工艺质量检验标准见表5-1-4。

表 5-1-4　工艺质量检验标准

序号	评价内容	工艺标准	分值	评分
1	外观造型	成品外观与款式相符，产品整洁，各部位熨烫平服，无线头，无污渍，无极光，无死痕，无烫黄，无变色	20	
2	经纬纱向	各部位丝缕正确，顺直平整	10	
3	针距要求	14针/3cm	5	
4	成品尺寸公差要求	各衣长：±1 cm　　胸围：±2 cm 肩宽：±0.8cm　　袖长：±0.8cm	10	
5	重要部位质量要求	领子：领面平服，领窝圆顺，止口不外吐。串口、驳口顺直，左右驳头宽窄、领嘴大小对称，驳头窝服	15	
		口袋：西服袋，左右袋位置一致，袋口大小一致，袋口开法正确，无毛脚，袋盖与袋宽相适应，袋盖与袋身布纹一致	5	
		袖子：绱袖圆顺，吃势均匀，两袖前后、长短一致	10	
		里布：平服，挂面松紧适宜，底边平服，里子折边宽窄一致，不起吊	5	
		门襟、里襟：门里襟顺直平挺，止口不搅不豁；胸部丰满、对称，面、里、衬服帖，省道顺直	10	
6	制作时间	在规定时间（9h）内完成	10	

任务二　双排扣枪驳领女西服结构设计

任务目标

1. 认识双排扣枪驳领女西服的分类和款式特点。

2. 能测量人体尺寸，确定双排扣枪驳领女西服成品规格。

3. 能用女上衣原型绘制1∶5和1∶1双排扣枪驳领女西服结构设计图。

4. 能在面料基础上裁配女西服里料。

5. 重点学会双省结构、领省组合、枪驳领、合体一片袖的结构设计方法。

任务描述

该任务主要是先对女西服分类和款式特点有一个初步了解，再认识双排扣枪驳领女西服的各部位名称，然后掌握双排扣枪驳领女西服规格尺寸的确定方法，并绘制出一份完整的双排扣枪驳领女西服前片、后片及袖片的结构图，同时理解双排扣枪驳领女西服的结构设计要点。

任务要求

1. 学生准备好制图工具。

2. 教师准备上衣原型一份，利用原型进行结构设计。

3. 教师准备双排扣枪驳领女西服一件。

4. 师生共同分析款式图，包括款式分析、结构分析、成品尺寸分析、工艺分析。

任务实施

一、分析款式特征（图5-1-9）

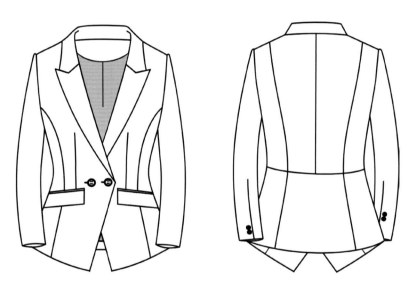

图5-1-9 双排扣枪驳领女西服款式

（1）造型设计：收腰合体版型。

（2）衣长设计：中长装，臀线附近，双排两粒扣。

（3）衣身设计：前片刀背分割线，收前腰省，挖西服袋；后片纵向肩背分割线设计，断腰设计，后中上段断缝。

（4）袖子设计：合体式一片袖，袖长至手腕处，左右袖口收省一只，钉扣两粒。

（5）领子设计：枪驳领。

（6）面料运用：面料多采用中厚型的薄呢、混纺、化学纤维面料。

二、确定作图尺寸（表5-1-5）

表 5-1-5　作图尺寸　　　　　　　　　　　　　　　　　　　　　　　　单位：cm

号型	部位名称	后中长	胸围	腰围	摆围	肩宽	袖长	半袖口
160/84A	成品尺寸	64	94	76	96	39	59	13

三、绘制结构图

各部分结构图的绘制如图5-1-10所示，分六步。

1. 后片

（1）取女上衣原型，用长虚线画出原型轮廓线，标明前、后片所有省道线。

（2）确定后中衣长。

（3）后中收腰1cm，上下画顺作背中弧线。

（4）确定后胸围为$B/4-0.5cm$，袖窿开深1cm。

（5）侧腰收进1cm，底摆侧缝外加2.3cm。

（6）后领开宽0.8cm，后肩省合并0.6cm后转移至后袖窿处作松量；余下1.2cm作肩省。

（7）从后中领深点量至后肩斜线，先取$S/2$，再外延1.2cm作后肩宽点。

（8）重新修顺袖窿弧线。

（9）确定后腰省位置，取省根宽2.5cm，下摆处交叉重叠1cm。

（10）重新修正底摆线。

（11）联结肩省和腰省，作出完整的肩背分割线。

（12）整理出后片各裁片轮廓线。

2. 前片

（1）前领口打开0.5cm宽的领省量。

（2）前领开宽0.8cm，取前肩宽=后肩宽（★＋▲）-0.5cm。

（3）胸省处保留松量与后袖窿松量相等。

（4）确定前胸围为$B/4+0.5cm$，作垂线。

（5）在腰线外加双排扣搭门量6cm，确定两颗扣的位置。

（6）作出前衣角造型线。

（7）侧腰收进1cm，底摆外加2.3cm，与前衣角连接顺畅形成轮廓线。

（8）第一颗扣位作为翻折线起点，领宽点延长2.4cm作为翻折线止点，连接起止点作翻折线。

（9）用虚线画出枪驳领的效果，以翻折线为对称轴作出枪驳领廓形，作出前片领口轮廓线。

（10）省尖点偏移1.5cm，取省宽3cm，下省尖点距底摆2cm，连接省宽点和省尖点作出完整腰省。

（11）在领转角处作一条辅助线至BP点，打开1cm宽的领转角省量。

（12）在前肩线上作一条辅助线至BP点，将胸省转移至此处。

（13）画顺完整袖窿弧线，确定前刀背分割点位置，确定前中腰省分割线位置。

（14）作刀背分割线，腰省宽为1.5cm；作前中腰省分割线，腰省宽为1.4cm；两条分割线在下段均交叉重叠1cm左右。

（15）确定斜挖袋位置。

（16）合并肩省，省量转移至斜挖袋上面的前中腰省处，斜挖袋下面的前中腰省量合并。

（17）重新画顺前中片分割线。

（18）重新画顺前侧片分割线。

（19）重新画顺刀背分割线、袖窿弧线。

（20）整理出前中片和前侧片轮廓线。

3. 领子

（1）通过前领宽点作翻折线的平行线，长度取翻领宽+领座宽=$a+b$。

（2）以前领宽点为圆心，以$a+b$宽为半径，取倒伏量=$2×（b-a）$画线段，在此线段上量取后领弧长◎。

（3）作此线段的垂线，量取翻领宽+领座宽=$a+b$=4.5cm+3cm=7.5cm。

（4）连顺领外沿弧线，连接各点得到领子轮廓线，作出翻折线。

（5）领子分为领面和领底，领底分成两片，以45°斜纹拼缝。

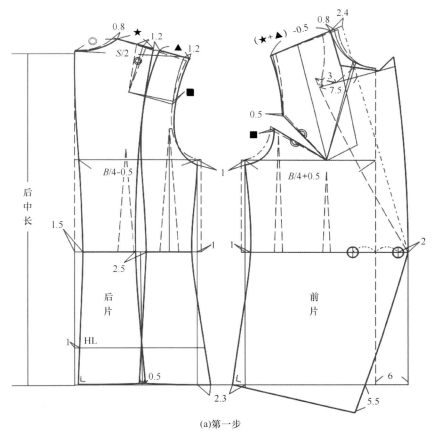

(a)第一步

图5-1-10

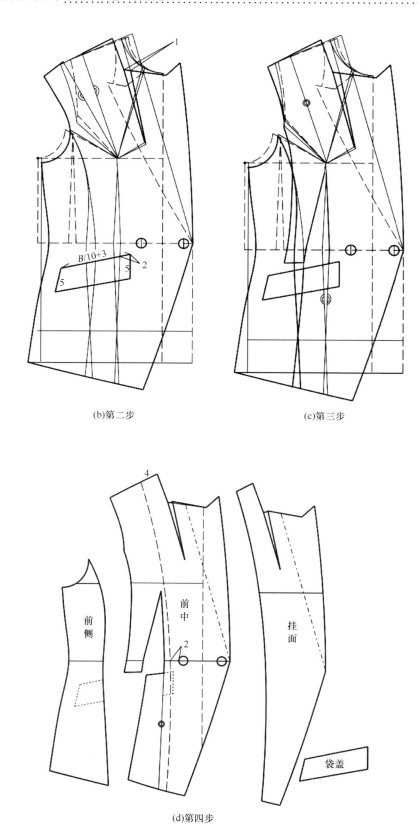

(b)第二步　　　　　　　　　　　　　　(c)第三步

(d)第四步

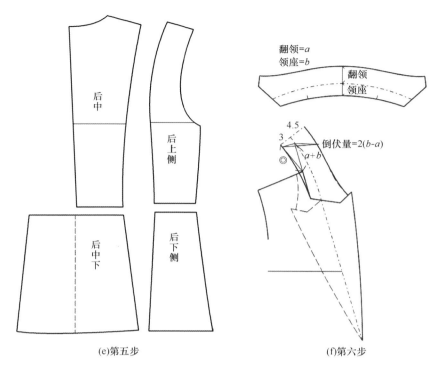

(e)第五步　　　　　　　　　　(f)第六步

图5-1-10　双排扣枪驳领女西服结构设计图

4.袖子（图5-1-11）

（1）~（8）与刀背缝分割女西服相同。

（9）前袖缝在袖口线上内收2cm，在袖肘上凹进0.5cm，上下连顺作弧线。

（10）剪切后袖袖山高线和袖中线，以两线的交点为圆心，将后袖向前旋转，使后袖山高降低1cm。

（11）在后袖缝与袖肘线的交汇处剪切后展开一个省道，使袖口达到成品尺寸。

（12）调整前、后袖缝长度，重新确定袖肘省为1cm。

（13）从袖肘省尖点引一条辅助线至后袖口中点，合并袖肘省，转移至后袖口，形成袖口省，省尖点下降5cm。

（14）作出袖片完整的轮廓线。

四、双排扣枪驳领女西服结构设计要点分析

（1）后肩背分割线是由肩省和腰省两省相连组合而成。

（2）前胸省分解转移到了三处，第一处为原型领省，第二处为领口转角省，第三处为前中腰省。

（3）该款利用将前胸省巧妙地转移到前中腰省的结构设计方法，只适用于开挖袋工艺款式。

（4）合体一片袖的结构设计比较简单，但不能达到两片袖的效果。

（5）双排扣搭门量的宽窄可以根据款式的需要来设计。

（6）做好前片斜角造型的设计，前后底摆线连接后要做到前后顺畅。

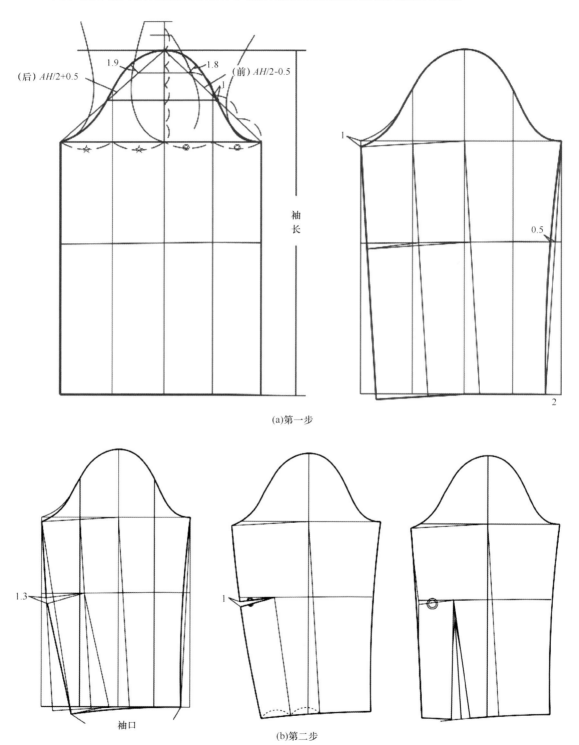

图5-1-11　袖子结构图

任务三　青果领U线分割女西服结构设计

任务目标

1. 认识青果领U线分割女西服的分类和款式特点。
2. 能测量人体尺寸，确定青果领U线分割女西服成品规格。
3. 能用女上衣原型绘制1∶5和1∶1青果领U线分割女西服结构设计图。
4. 能在面料基础上裁配女西服里料。
5. 学会U形分割线、青果领及领面变化的结构设计方法。

任务描述

　　该任务主要是先对女西服的分类和款式特点有一个初步了解，再认识青果领U线分割女西服的各部位名称，然后掌握青果领U线分割女西服规格尺寸的确定方法，并绘制出一份完整的青果领U线分割女西服前片、后片及袖片的结构图，同时理解青果领U线分割女西服的结构设计要点。

任务要求

1. 学生准备好制图工具。
2. 教师准备上衣原型一份，利用原型进行结构设计。
3. 教师准备青果领女西服一件穿在人台上。
4. 师生共同分析款式图，包括款式分析、结构分析、工艺分析、成品尺寸分析。

任务实施

一、分析款式特征（图5-1-12）

　　（1）造型设计：收腰合体版型。
　　（2）衣长设计：中长装，臀线以上，单排一粒扣。
　　（3）衣身设计：前片袖窿至前中U形分割线，弧形插袋；后片领背分割线设计，后中断背缝。
　　（4）袖子设计：合体式两片袖，袖长至手腕处，袖口开衩，衩位钉扣3颗。

（5）领子设计：青果领设计，领面断开，上翻领缩细褶。

（6）面料运用：面料多采用中厚型的薄呢、混纺、化学纤维面料。

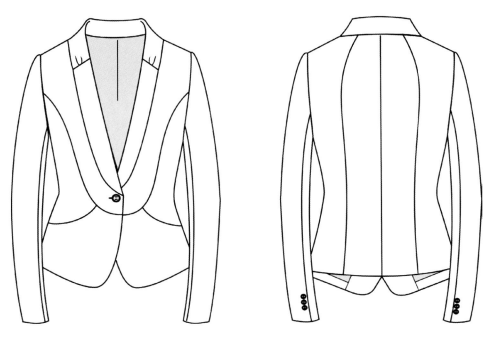

图5-1-12　青果领U线分割女西服款式

二、确定作图尺寸（表5-1-6）

表 5-1-6　作图尺寸　　　　　　　　　　　　　　　　　　　　　　　　　　　　　　单位：cm

号型	部位名称	后中长	胸围	腰围	摆围	肩宽	袖长	半袖口
160/84A	成品尺寸	56	92	74	94	37	57	12

三、绘制结构图

结构图的绘制如图5-1-13所示，分四步。

1. 后片

（1）取女上衣原型，用长虚线画出原型轮廓线，标明前、后片所有省道线。

（2）确定后中衣长。

（3）后中收腰1.5cm，上下画顺作背中弧线。

（4）确定后胸围为$B/4-0.5cm$，袖窿开深0.5cm。

（5）侧腰收进1.5cm，底摆侧缝外加1.5cm。

（6）后领开宽0.8cm，确定后领分割点位置，作辅助线连接分割点与肩省尖点。

（7）后肩省留0.5cm作为松量，合并0.6 cm肩省，将省量转移至后袖窿作松量；剪切后领口，合并剩余肩省，将省量转移成领口省。

（8）从后中领深点量至后肩斜线，取S/2+0.5cm作为后肩宽点。

（9）重新修顺袖窿弧线。

（10）确定后腰省位置，取省根宽3cm，连接领口省与腰省，作出完整的领背分割线。

（11）整理出后片各裁片轮廓线。

2. 前片

（1）前领口打开0.5cm宽的领省量。

（2）前领开宽0.8cm，取前肩宽=后肩宽（★）–0.5cm。

（3）胸省处保留松量与后袖窿松量相等。

（4）确定前胸围为B/4+0.5cm，作垂线，袖窿开深0.5cm。

（5）腰线上确定扣位。由中心线向外取搭门宽2.5cm，作为翻折线起点，领宽点延长2.5cm作为翻折线止点，连接起止点作翻折线。

（6）用虚线画出青果领的效果，以翻折线为对称轴作出青果领廓形，作出前片领口轮廓线。

（7）侧腰收进1.5cm，底摆侧缝外加1.5cm，作侧缝线。

（8）确定前衣摆圆角位置，底摆侧缝点与前衣摆圆角连顺，完成前衣摆圆角造型。

（9）取省宽3cm，下省尖点与臀围线交叉，连接省宽点和省尖点作出完整腰省。

（10）在前肩线上作一条辅助线至BP点，将胸省转移至此处。

（11）画顺完整的袖窿弧线，从肩点沿袖窿弧线向下10cm确定前U形分割线的起点。

（12）剪切侧腰线，合并腰省，作U形分割线，分割线要经过腰省省根点，作弧线插袋线。

（13）弧线插袋裁片与前侧片上段合并成为一块完整的前侧片。

（14）合并肩省，省量转移至U形分割线上。

（15）重新画顺U形分割线。

（16）整理出前片各裁片轮廓线。

3. 领子

（1）通过前领宽点作翻折线的平行线，长度取翻领宽+领座宽=a+b。

（2）以前领宽点为圆心，以a+b宽为半径，取倒伏量=2×（b–a）画线段，在此线段上量取后领弧长◎。

（3）作此线段的垂线，量取翻领宽+领座宽=a+b=4.5cm+3cm=7.5cm。

（4）连顺青果领领外沿弧线，连接各点得到领子轮廓线，作出翻折线。

（5）领子分为领面和领底，领面前段作辅助线并剪切展开3cm褶量，领底分成两片，以45°斜纹拼缝。

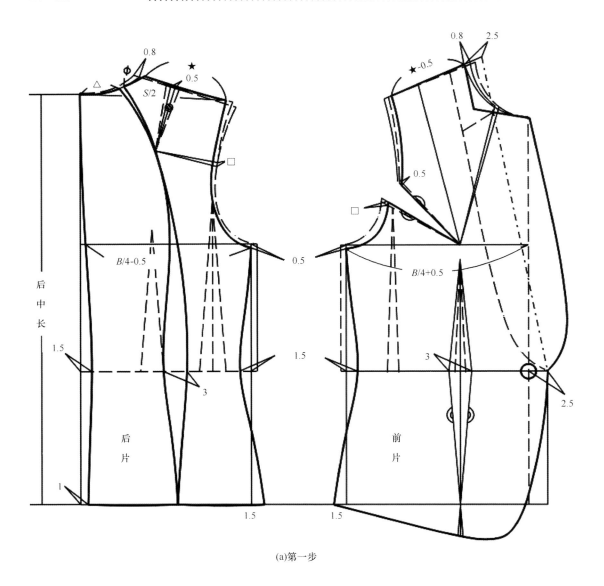

(a)第一步

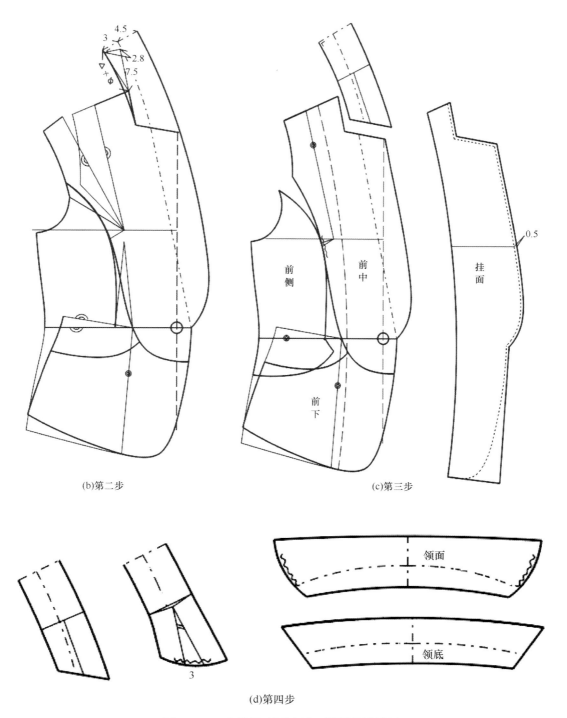

(b)第二步

(c)第三步

(d)第四步

图5-1-13　青果领U线分割女西服结构设计图

4.袖子（图5-1-14）

作图步骤与刀背缝分割女西服的袖子的作法相同。

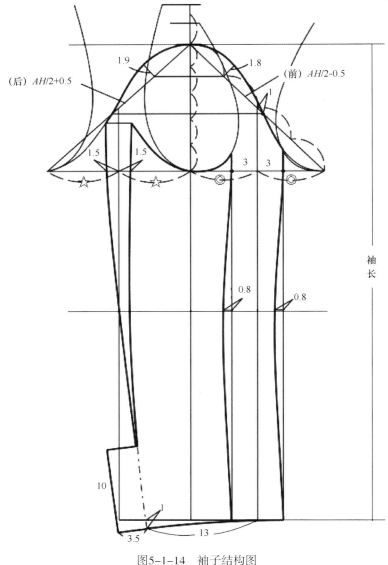

（后）AH/2+0.5

1.9　　　　1.8

（前）AH/2-0.5

1.5　　1.5

3　　3

袖长

0.8　　　0.8

10

1

3.5　　　　13

图5-1-14　袖子结构图

四、青果领U线分割女西服结构设计要点分析

（1）后肩背分割线是由领口省和腰省两省相连组合而成。

（2）U形分割线是该款结构设计的难点所在，关键在于：先剪切侧腰线，合并腰省，作U形分割线，分割线一定要经过腰省省根点，这样才能将腰省全部收完，这时腰省可以根据款式的需要左右调整位置。

（3）青果领领面的断缝抽褶设计，需要准确找到辅助线剪切的位置。

（4）做好前片圆角造型的设计，前后底摆线连接后要求做到前后顺畅。